IORLUMUN TARLUMUN
TERWASE VERSHIMA LAWRENCE
ESTHER NGUEMO UJIA

# IMPACTO DAS ALTERAÇÕES CLIMÁTICAS NA AGRICULTURA

IORLUMUN TARLUMUN
TERWASE VERSHIMA LAWRENCE
ESTHER NGUEMO UJIA

# IMPACTO DAS ALTERAÇÕES CLIMÁTICAS NA AGRICULTURA

## UM ESTUDO DE CASO DO GOVERNO LOCAL DE KWANDE NO ESTADO DE BENUE

ScienciaScripts

Cover image: www.ingimage.com

This book is a translation from the original published under ISBN 978-620-8-41771-0.

Publisher:
Sciencia Scripts
is a trademark of
Dodo Books Indian Ocean Ltd. and OmniScriptum S.R.L publishing group

120 High Road, East Finchley, London, N2 9ED, United Kingdom
Str. Armeneasca 28/1, office 1, Chisinau MD-2012, Republic of Moldova, Europe
Managing Directors: Ieva Konstantinova, Victoria Ursu
info@omniscriptum.com

Printed at: see last page
**ISBN: 978-620-8-54796-7**

# *IMPACTO DAS ALTERAÇÕES CLIMÁTICAS NA AGRICULTURA UM ESTUDO DE CASO DA ADMINISTRAÇÃO LOCAL DE KWANDE NO ESTADO DE BENUE*

*BY*

*IORLUMUN TARLUMUN TERWASE VERSHIMA LAWRENCE ESTHER NGUEMO UJIA*

# RESUMO

*Esta investigação avaliou a avaliação e a gestão dos riscos climáticos na agricultura no Governo Local de Kwande. Especificamente, o estudo visa avaliar os riscos climáticos enfrentados pelos sistemas agrícolas no governo local de Kwande, explorar os impactos socioeconómicos, avaliar as estratégias de gestão de riscos existentes e propor medidas de adaptação inovadoras para as alterações climáticas na agricultura no governo local de Kwande. O estudo baseou-se na teoria da vulnerabilidade e na teoria da resiliência. O estudo adoptou o método de investigação por inquérito, utilizando um questionário como instrumento de recolha de dados. A dimensão da amostra de 400 pessoas foi determinada utilizando a fórmula de Taro Yamane a partir da população estimada de 461.979 inquiridos. O estudo utilizou as técnicas de amostragem aleatória estratificada e simples para selecionar os inquiridos para o estudo. Foi distribuído um total de 400 questionários aos inquiridos escolhidos e todos eles foram recuperados e analisados com êxito utilizando tabelas de frequência e percentagens simples. De acordo com os resultados, as alterações climáticas afectam os residentes do governo local de Kwande, causando riscos como variações de precipitação, infestações de pragas, inundações, secas e temperaturas extremas. Afectam as comunidades agrícolas, provocando a redução do rendimento das colheitas, a insegurança alimentar e a perda de postos de trabalho. As estratégias de gestão dos riscos climáticos são ineficazes, mas os inquiridos apoiam fortemente a adoção de práticas inteligentes em matéria de clima, a gestão sustentável dos solos e o reforço da previsão meteorológica. O estudo conclui que as alterações climáticas em Kwande agravam as vulnerabilidades socioeconómicas, necessitando de colaboração para o desenvolvimento de estratégias de adaptação baseadas em práticas inteligentes em termos de clima, gestão sustentável da terra e melhoria da previsão meteorológica. O estudo recomendou, entre outras coisas, que o governo deve dar ênfase à educação local sobre o impacto das alterações climáticas nas comunidades agrícolas, implementar práticas resistentes ao clima e envolver as partes interessadas em comités de adaptação climática liderados pela comunidade para colaboração.*

# CAPÍTULO 1
# INTRODUÇÃO

## 1.1 Antecedentes do estudo

As alterações climáticas são uma das ameaças ambientais mais graves que a humanidade enfrenta a nível mundial. Afecta a agricultura de várias formas, incluindo o seu impacto direto na produção alimentar. As alterações climáticas, que são atribuíveis ao ciclo climático natural e às actividades humanas, afectaram negativamente a produtividade agrícola em África (Ziervogel et al. 2016). Os dados disponíveis mostram que as alterações climáticas são globais, tal como os seus impactos; mas os efeitos mais adversos serão sentidos principalmente pelos países em desenvolvimento, especialmente os de África, devido ao seu baixo nível de capacidade de resposta (Nwafor 2017; Jagtap 2017).

Tal como definido por Audu, Balogun, Nwoga, Kalejaiye-Matti, Amadi, & Audu (2020), as alterações climáticas são qualquer alteração da temperatura global ao longo do tempo que modifique a composição da atmosfera. Quanto ao Painel Intergovernamental sobre as Alterações Climáticas (IPCC, 2017), define as alterações climáticas como qualquer alteração dos padrões meteorológicos resultante de flutuações estocásticas naturais ou de acções humanas. Bello (2020) prossegue, afirmando que a persistência a longo prazo de anomalias positivas ou negativas de um determinado fenómeno ou de uma combinação de fenómenos climáticos acima ou abaixo do normal, que caracteriza as alterações climáticas, é o que define as alterações climáticas, e não um fenómeno meteorológico extremo que revela desvios transitórios do estado climático médio. De acordo com o Fórum de Parceria Africana (2017), citado por Audu, Balogun, Nwoga, Kalejaiye-Matthi, Amadi, & Audu (2020), a Convenção-Quadro das Nações Unidas sobre o Clima apenas cita a variabilidade atmosférica como causa.

As alterações climáticas têm duas origens. Para além dos factores antropogénicos, como a queima de combustíveis fósseis, a desflorestação, a criação de gado e outras práticas, estes factores naturais incluem a deslocação dos continentes em resultado da tectónica de placas, da radiação solar, do vulcanismo e da variabilidade dos oceanos (Ekundayo, 2020). De acordo com Bello (2020), a atividade humana - como a expansão populacional, o desenvolvimento tecnológico e a exploração de recursos - é a principal causa das alterações climáticas. Devido à natureza imprevisível das consequências - que incluem o aumento das temperaturas, secas e maior pluviosidade - é necessária uma gestão dos riscos climáticos para reduzir os perigos. De acordo com Henri-Ukoha (2020), as alterações climáticas aumentam a probabilidade de secas e a consequente redução do rendimento das colheitas, bem como a intensidade das vagas de calor e das inundações.

O Fórum Africano de Desenvolvimento (2020) descreve a gestão dos riscos climáticos (CRM) como uma abordagem multidisciplinar que aborda os impactes das alterações climáticas no desenvolvimento e na gestão dos recursos. Envolve sistemas de resposta precoce, diversificação estratégica, instrumentos financeiros, afetação dinâmica de recursos, conceção de infra-estruturas e reforço de capacidades. Para garantir a segurança alimentar e hídrica antes da ocorrência de catástrofes naturais, a Organização Meteorológica Mundial (OMM) define a gestão dos riscos relacionados com o clima, ou CRM, como a divulgação efectiva de informações climáticas. Com ênfase nos sectores da água e da agricultura, a OMM está a criar conceitos de CRM. De acordo com a Convenção-Quadro das Nações Unidas sobre Alterações Climáticas, a CRM inclui avaliações de risco, planeamento e partilha de riscos de adaptação. A CRM é definida pelo Banco Mundial (2016) como uma avaliação dos riscos e oportunidades associados à variabilidade climática passada, presente e futura, incluindo os resultantes das alterações climáticas e, quando apropriado, incorporando-os na conceção de projectos e planos. As catástrofes causadas pelas alterações climáticas afectam de forma desproporcionada os países em desenvolvimento e as pessoas relativamente empobrecidas desses países (Carter et al., 2017; Easterly, 2021; Gaiha e Thapa, 2016). Para fazer face aos choques climáticos, as famílias vulneráveis recorrem a estratégias ex-post, como a liquidação de activos, o incumprimento de empréstimos e a restrição alimentar. No entanto, estas soluções temporárias impedem frequentemente o desenvolvimento da vida futura, prejudicando o capital humano e os activos produtivos (Barrett e Carter, 2021; Carter e Barrett, 2016; Carter et al., 2017; Dercon, 2019; Dercon e Hoddinott, 2015; Hoddinott, 2016; McPeak e Barrett, 2021; Wood, 2013). A aversão ao risco resulta em subinvestimento e subadopção de tecnologia para aumentar o rendimento agrícola. Escolhendo culturas menos arriscadas, transferindo o trabalho doméstico para actividades não agrícolas e abstendo-se de pedir dinheiro emprestado ou de o investir em activos produtivos, os agricultores podem mitigar perdas catastróficas em condições meteorológicas desfavoráveis (Barrett et al., 2019; Dercon, 1996; Fafchamps, 2013; Kebede, 2020). Os inquéritos realizados nas aldeias do

ICRISAT no Burkina Faso e na Índia indicam que o custo é significativamente mais elevado para os membros relativamente pobres da comunidade agrícola (Rosenzweig e Binswanger, 2013; Zimmerman e Carter, 2013). A aversão ao risco tem um impacto nos agricultores, nas instituições e nos mercados financeiros. Impede que o dinheiro vá para as zonas rurais e para as cadeias de valor agrícolas e pode provocar o colapso dos sistemas financeiros nos países de baixo rendimento (Besley, 2015; Miranda e Glauber, 2017; Poulton, et al., 2016). A nível mundial, o sector agrícola é o mais suscetível aos efeitos nefastos das alterações climáticas. As condições meteorológicas e climáticas continuam a ser o principal fator determinante da produção agrícola em quase todas as partes do mundo, não obstante os avanços tecnológicos e a Revolução Verde. As alterações nos padrões de temperatura e precipitação têm um impacto nas pragas e doenças, na disponibilidade de água e nos fenómenos meteorológicos extremos. Todos estes factores têm um impacto nas perspectivas de produção agrícola. (Sarkar, Begum, & Pereira, 2020). Na Nigéria, os registos de temperatura indicam variações de 0,2 a 0,3 graus Celsius de dez em dez anos nas zonas naturais do país. Além disso, as zonas tropicais húmidas do país podem registar níveis de precipitação de cerca de 2-3% por cada grau de aquecimento global (Oladipo, 2021).

Muitas tecnologias e práticas de produção agrícola, incluindo o germoplasma de culturas adaptadas ao stress, a agricultura de conservação e os sistemas agroflorestais, foram desenvolvidas pela comunidade de investigação agrícola para o desenvolvimento (AR4D) com o objetivo de reduzir os riscos e promover a resiliência face à variabilidade climática. Os rendimentos das culturas em muitos países já estão a ser afectados pelas alterações climáticas, de acordo com as evidências (IPCC, 2017; Deressa et al., 2018; BNRCC, 2018). Isto é especialmente verdade nos países de baixo rendimento, onde a produtividade agrícola é maioritariamente determinada pelo clima e as capacidades de adaptação são fracas (Apata et al., 2019). De acordo com Dinar et al. (2016), muitos países africanos, como a Nigéria, cuja economia depende sobretudo de sistemas de produção agrícola sensíveis às condições meteorológicas, são especialmente vulneráveis às alterações climáticas. A suscetibilidade da Nigéria aos efeitos das alterações climáticas é evidenciada pelas recentes inundações e secas prolongadas. A conceção de mecanismos de resposta nestes países empobrecidos exige uma compreensão das reacções dos agricultores.

Dado que a quantidade de mão de obra e a dotação de activos influenciam a capacidade dos agricultores para suavizar o consumo face aos choques, o impacto dos choques será diferente consoante a sua posição socioeconómica

(Baulch e Hoddinott, 2018). Para reduzir efetivamente a pobreza, as intervenções de gestão do risco devem ser concebidas e orientadas com uma compreensão desagregada dos "pobres", o que facilita a compreensão da dinâmica e das causas da pobreza (Hulme, 2013). A pobreza crónica difere da pobreza transitória na medida em que resulta em períodos mais longos de pobreza devido ao risco e à tomada de decisões institucionais. Os agricultores devem receber intervenções específicas de gestão do risco climático para combater a pobreza (Barrett, 2015; Carter e Barrett, 2016).

O risco associado às alterações climáticas está associado à pobreza nas zonas rurais, indicando a necessidade de estratégias de gestão do risco para compensar a pobreza. Ao proteger os activos produtivos e remover os obstáculos a melhores práticas agrícolas, estas intervenções equilibram a produção, as receitas e o consumo (Abrahamson, 2019; Ehrlich & Ehrlich, 1990). Vários stresses ambientais induzidos pelo homem foram associados a esta perda de recursos. A libertação atmosférica de gases com efeito de estufa é talvez o efeito mais catastrófico da atividade humana. De acordo com Adams et al. (2018) e Fischer et al. (2015), há indícios de que o impacto das alterações climáticas no desenvolvimento agrícola é real. Muitos aspetos das civilizações humanas têm sido objeto de extensa investigação, que demonstrou estes amplos efeitos (Wolfe et al., 2015; ODI, 2017; Apata et al., 2019). Investigações anteriores revelaram que uma série de factores adicionais também podem ter impacto na produção agrícola. Estes factores incluem as alterações climáticas, que afectam a área colhida e os rendimentos das culturas e têm um impacto através do aumento da temperatura, alterações nos padrões de precipitação, ou efeitos indirectos através do solo, esgotamento de nutrientes e um aumento dos danos causados por pragas (Siwabhawo, Witswana, & Somskaw, 2020). Dito isto, as culturas tradicionais de mandioca em África e na Ásia estão seriamente ameaçadas pelo aumento das temperaturas e pelas inundações. As ramificações desta situação, particularmente para a produção agrícola, são múltiplas e variadas: uma diminuição do rendimento, uma redução do produto interno bruto (PIB) marginal do sector agrícola, um aumento dos preços dos alimentos, um aumento do número de indivíduos que enfrentam a fome, um aumento do grau de insegurança alimentar, migração e agitação civil, para citar alguns. Assim, o objetivo deste estudo foi analisar a forma como o risco climático é avaliado e gerido na agricultura, com especial ênfase na região governamental local de Kwande, no Estado de Benue.

## 1.2 Declaração do problema

As alterações climáticas são uma questão global premente que coloca riscos significativos para os sistemas agrícolas em todo o mundo. A frequência e a intensidade crescentes de fenómenos meteorológicos extremos, secas, inundações, ondas de calor e tempestades, têm um impacto profundo na produtividade agrícola, na segurança alimentar e nos meios de subsistência rurais. Além disso, faltam ferramentas e metodologias acessíveis e de fácil utilização para a avaliação e gestão dos riscos climáticos na agricultura. Muitas das ferramentas existentes são frequentemente demasiado complexas, caras ou não estão adaptadas às necessidades específicas dos agricultores, dos decisores políticos e de outras partes interessadas. Isto dificulta a adoção e a aplicação de estratégias de gestão dos riscos climáticos a várias escalas, desde as explorações agrícolas individuais até às políticas agrícolas nacionais. As alterações climáticas representam riscos significativos para os sistemas agrícolas em todo o mundo, incluindo no Governo Local de Kwande. Os efeitos adversos das alterações climáticas, como o aumento das temperaturas, a alteração dos padrões de precipitação e os fenómenos meteorológicos extremos, têm o potencial de perturbar a produção agrícola, a segurança alimentar e os meios de subsistência na região. Apesar da importância da avaliação e gestão dos riscos climáticos na agricultura, há falta de estudos abrangentes centrados no Governo Local de Kwande. A investigação existente centra-se principalmente em escalas globais ou nacionais, negligenciando as vulnerabilidades específicas e as estratégias de adaptação necessárias a nível local. Portanto, esta investigação procura avaliar a avaliação e gestão do risco climático na agricultura no Governo Local de Kwande, com um foco específico na compreensão dos impactos das alterações climáticas nos sistemas agrícolas, identificando as vulnerabilidades dos agricultores e a sua capacidade de adaptação, e explorando estratégias potenciais para a gestão do risco climático e adaptação no sector agrícola.

## 1.3 Questões de investigação

Este estudo será  pelas seguintes questões

i. Quais são actuais riscos climáticos enfrentados pelos sistemas agrícolas no governo local de Kwande?

ii. Quais são os impactos socioeconómicos das alterações climáticas nas comunidades agrícolas do governo local de Kwande?

iii. Quais são as estratégias e intervenções de gestão dos riscos climáticos existentes na agricultura do governo local de Kwande?
iv. Quais são as estratégias inovadoras de gestão dos riscos climáticos e as medidas de adaptação propostas para as alterações climáticas na agricultura no governo local de Kwande?

## 1.4 Objectivos do estudo

Os objectivos gerais deste estudo são avaliar a avaliação e gestão do risco climático na agricultura no Governo Local de Kwande; o estudo tem como objectivos específicos os seguintes
i. Avaliar os actuais riscos climáticos enfrentados pelos sistemas agrícolas no governo local de Kwande.
ii. Explorar os impactos socioeconómicos das alterações climáticas nas comunidades agrícolas da administração local de Kwande.
iii. Identificar e avaliar a eficácia das estratégias e intervenções existentes de gestão do risco climático na agricultura do governo local de Kwande.
iv. Propor estratégias inovadoras de gestão dos riscos climáticos e medidas de adaptação às alterações climáticas no sector agrícola na administração local de Kwande

## 1.5 Âmbito do estudo

O âmbito do estudo é avaliar o risco e a gestão do clima na agricultura, com especial incidência na Área da Administração Local de Kwande do Estado de Benue. Isto restringirá geograficamente o estudo ao clã Nanev da Área da Administração Local de Kwande; por conseguinte, será nula a sua tentativa de examinar todas as administrações locais do Estado de Benue. Isto porque, para além do facto de que a realização de tal investigação seria proibitivamente dispendiosa, um obstáculo significativo seria a impossibilidade de quantificar o enorme número de participantes. Por esta razão, o Clã Nanev oferece um âmbito de estudo limitado e explorável. A população deste estudo é constituída por homens e mulheres residentes em Nanev Clan com pelo menos vinte e cinco anos de idade ou mais e que se pensa terem sofrido o impacto hediondo das alterações climáticas na sua exploração agrícola durante pelo menos cinco anos.

## 1.6 Importância do estudo

Os resultados da investigação têm vários significados. A investigação ajudará a identificar e avaliar os riscos potenciais que as alterações climáticas representam para a agricultura. Esta compreensão é crucial para o desenvolvimento de estratégias eficazes de atenuação e adaptação a esses riscos. Os resultados da investigação fornecerão informações valiosas sobre os potenciais impactes das alterações climáticas em diferentes sistemas agrícolas. Esta informação pode ser utilizada para desenvolver planos agrícolas sólidos e resilientes que tenham em conta as condições climáticas em mudança. Os resultados da investigação aos decisores políticos, aos agricultores e a outras partes interessadas tomar decisões informadas sobre práticas e investimentos agrícolas. Isto inclui decisões relacionadas com a seleção de culturas, métodos de irrigação, gestão de terras e desenvolvimento de infra-estruturas. Ao compreender os riscos climáticos, os decisores políticos podem afetar recursos de forma mais eficaz para apoiar uma agricultura resistente ao clima. Isto inclui investimentos em investigação e desenvolvimento, infra-estruturas e apoio financeiro aos agricultores. Os resultados da investigação ajudarão a identificar e a dar prioridade a estratégias de adaptação que possam minimizar os impactes negativos das alterações climáticas na agricultura. Isto inclui o desenvolvimento de variedades de culturas tolerantes à seca, melhores técnicas de gestão da água e a promoção de práticas agrícolas inteligentes em termos climáticos. Ao incorporar os resultados da investigação no planeamento e na gestão agrícola, é possível aumentar a resiliência dos sistemas agrícolas. Isto pode ajudar os agricultores a resistir aos choques relacionados com o clima e a manter a produtividade, mesmo face a condições climáticas variáveis. Os resultados da investigação contribuirão para o desenvolvimento de práticas agrícolas sustentáveis que podem garantir a segurança alimentar a longo prazo. Ao compreender e gerir os riscos climáticos, a agricultura pode tornar-se mais sustentável, reduzindo os impactos ambientais negativos e garantindo a disponibilidade de alimentos para as gerações futuras

## 1.7Localização

### 1.7.1 Área de estudo

A Área de Governo Local de Kwande está situada entre as latitudes $6^0$ 15' e $7^0$ 10' a norte do Equador e as longitudes $9^0$ 00' e $9^0$ 45' a leste do Meridiano de Greenwich. Tem uma área de 2.891 km2. A administração local de Kwande é uma das vinte e três (23) administrações locais do Estado de Benue. A administração local é composta predominantemente por quatro distritos (Ikyurav-ya, Turan, Nanev e Shangev-ya) com 15 freguesias. Os distritos estão divididos com base nas suas particularidades socioculturais e históricas. A sua sede faz fronteira com várias outras LGAs. A oeste, faz fronteira com a divisão administrativa de Vandeikya, com a divisão administrativa de Ushongo a norte e com a divisão administrativa de Katsina-Ala a noroeste. A sul, faz fronteira com o Estado de Cross River e, a leste, com a República dos Camarões. A divisão administrativa de Kwande também partilha uma fronteira comum com a divisão administrativa de Takum do Estado de Taraba. A LGA tem terras abundantes, estimadas em 391.500 hectares. Isto representa 7,7% da massa terrestre do Estado. As terras aráveis em Kwande LGA estão estimadas em 292 300 hectares (BNARDA, 2018).

**Figura 1: Mapa do Governo Local de Kwande mostrando os principais distritos**

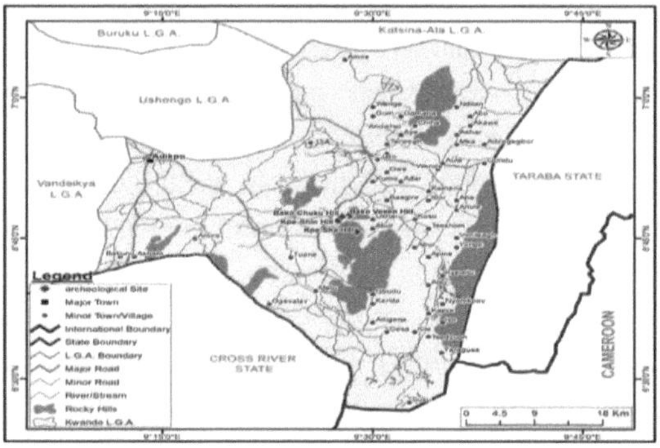


**Fonte: Ministério do Território e dos Estudos Makurdi.**

### 1.7.2 Alívio e drenagem

Uma vez que o vale do Benue não tem quedas rápidas, tem grandes planícies de inundação e pântanos aluviais com sistemas de riachos intrincadamente tecidos que chegam à Área do Governo Local de Kwande. O principal canal de drenagem da área de investigação, o rio Katsina-Ala, condicionou o relevo da área (Ade, 2019). Com inselbergs esporádicos, colinas, ruwares, mesas cobertas de laterite e buttes, o terreno é principalmente de baixa altitude (com uma média de 300 a 500 metros) e suavemente ondulado. De acordo com Akpera (2020), as terras baixas de Nanev estão a menos de 300 metros acima do nível do mar. Os afluentes do Katsina-Ala, os rios Amire u Tamen, Amire u Kiriki, Mkomon, Dura e Moon, drenam a região. Todos os rios correm para sul, com exceção do Dura (Akpera, 2020).

### 1.7.3. Geologia e solos

Segundo Akpera (2020), a região está coberta por rochas antigas do complexo basáltico que incluem uma variedade de minerais sólidos, como o ónix, o ferro, a galena, o silício, o açafrão, o zircão e a água-marinha. A meteorização significativa do leito rochoso do complexo basal subjacente da área resultou num regolito com vários metros de profundidade. O regolito estabelece as propriedades da terra. Na maioria das vezes, as texturas médias influenciam a análise granulométrica (Ade, 2019). No entanto, as drenagens da área são delimitadas por solos aluviais, que variam em idade de depósitos aluviais antigos a recentes e são favoráveis ao cultivo intensivo (Akpera, 2020). Estes materiais estão subjacentes a todos os metassedimentos e também afloram como resíduos de terras altas em locais amplamente separados, incluindo inselbergs, knolls e ruwares. Nas rochas do embasamento predominam os granitos, gnaisses, migmatitos, dioritos e pegmatitos de textura porfirítica. Segundo Ade (2019), os minerais sólidos que são atualmente extraídos destas rochas incluem sílica, areia, caulino, calcário, baritina, carvão, gesso, sal e xistos.

### 1.7.4 Clima e vegetação

De um modo geral, a região do governo local tem um clima tropical, com uma estação húmida distinta de abril a outubro e uma estação seca de novembro a março. A precipitação anual típica é de 1 650 mm (6496 in) a 2 000 mm (7 875 in) (Ade, 2019). Enquanto a humidade relativa varia sazonalmente e oscila entre 50% e 80%, com os níveis mais baixos durante a estação seca e os níveis mais altos durante a estação das chuvas, a temperatura média anual varia 31°C e 38°C (Ade, 2019). A Administração Local de Kwande é ideal para comerciantes e investidores devido ao seu terreno montanhoso e à proximidade da cordilheira dos Camarões. O seu clima tipicamente frio reforça ainda mais este atrativo. Existem também grandes cursos de água na administração local para satisfazer suficientemente as necessidades dos sectores industrial e agrícola. A região é conhecida pelas suas zonas de vegetação tropical, que incluem floresta tropical de planície, floresta de savana derivada e floresta de savana aberta. As espécies comuns encontradas na Reserva Florestal de Gazettes incluem a teca e a gmelina (Akpera, 2020). As margens do rio são fortemente florestadas, com terras agrícolas, prados altos e florestas a constituir a cobertura. A agricultura de cereais, tubérculos e legumes é a principal utilização do solo na zona ribeirinha (Ade, 2019).

### 1.7.5 População e actividades económicas

A administração local de Kwande é composta por cerca de 359 000 pessoas em 2024. Isto foi determinado utilizando a fórmula da população projectada. Assim, P1= População desconhecida P0= População conhecida 1= Constanter=Crescimento t=Tempo A administração local é predominantemente rural, com cerca de 80 por cento da população envolvida na agricultura de subsistência alimentada pela chuva. Isto significa que a agricultura é a principal ocupação dos indígenas de Kwande. Popularmente conhecida como a "Casa Ancestral da Nação Tiv", a LGA tem muitos recursos fundiários. Por exemplo, as culturas de cereais como o arroz, o sorgo e o milho são produzidas em abundância. As raízes e os tubérculos produzidos incluem o inhame, a mandioca, a batata-doce e o taro. As culturas oleaginosas incluem o feijão bóer, a soja e o amendoim, enquanto as culturas arbóreas incluem os citrinos, a manga, a palma, a goiaba, o caju e a papaia. Outras culturas comuns incluem o pimento, o tomate, o gengibre, o quiabo, etc.

# CAPÍTULO 2

# REVISÃO DA LITERATURA RELACIONADA

## 2.1 Revisão de conceitos

### 2.1.1 Risco climático

O risco climático diz respeito aos possíveis efeitos desfavoráveis das alterações climáticas em várias facetas das comunidades humanas e dos sistemas ambientais, englobando elementos ecológicos, sociais, físicos e económicos (IPCC, 2017). De acordo com Dessai et al. (2015), inclui a probabilidade de resultados negativos decorrentes de modificações nos padrões climáticos, incluindo condições meteorológicas extremas, aumento do nível do mar, variações de temperatura e sistemas de precipitação alterados. Para Smith & Wandel (2016), o risco climático refere-se à suscetibilidade dos sistemas e das sociedades aos perigos relacionados com o clima, avaliada por factores como a exposição, a sensibilidade, a capacidade de adaptação e a possibilidade de resultados desfavoráveis. A convergência da exposição, suscetibilidade e perigos climáticos resulta no risco climático, que pode causar perdas ou danos em infra-estruturas, meios de subsistência, ecossistemas e bem-estar humano. De acordo com Hinkel et al. (2014), o risco climático é a incerteza que rodeia as condições climáticas futuras e a possibilidade de efeitos desfavoráveis na sociedade humana e nos sistemas naturais, tais como agitação social, perdas económicas e perturbações ecológicas. A possibilidade de danos diretos decorrentes de fenómenos meteorológicos extremos, perturbações na cadeia de abastecimento, alterações na produção agrícola e efeitos relacionados com a saúde estão todos incluídos no conceito de risco climático (Eisenack et al., 2014). Os efeitos físicos das alterações climáticas são também uma possibilidade. Os recursos hídricos, a segurança alimentar, a saúde humana, a biodiversidade e as infraestruturas estão entre as muitas consequências negativas da variabilidade e das alterações climáticas que são quantificadas pelo risco climático (Smith et al., 2019).O risco climático engloba a exposição dos sistemas humanos e naturais a perigos relacionados com o clima, como tempestades, inundações, secas e ondas de calor, e o potencial desses perigos para causar danos ou perturbações (Hallegatte et al., 2016). O risco climático representa o potencial de perdas, danos ou perturbações resultantes de catástrofes relacionadas com o clima, incluindo impactos físicos nas infra-estruturas, alterações nos serviços dos ecossistemas e consequências socioeconómicas para as comunidades (IPCC, 2012). O risco climático refere-se à probabilidade e às consequências dos impactes adversos resultantes das alterações climáticas, incluindo os riscos para as comunidades costeiras, a produtividade agrícola, a disponibilidade de água e a saúde humana (Cutter et al., 2015). O risco climático engloba a exposição de populações e ecossistemas vulneráveis a perigos relacionados com o clima, a sensibilidade destes sistemas às alterações das condições climáticas e a sua capacidade de adaptação e resposta efectiva a estes desafios (O'Brien et al., 2017).

O risco climático representa a combinação de perigos, vulnerabilidades e exposições que interagem para produzir potenciais efeitos adversos nas sociedades, economias e ecossistemas, incluindo riscos para as infra-estruturas, os recursos naturais e o bem-estar humano (Patz et al., 2015). O risco climático denota a incerteza em torno das condições climáticas futuras e o potencial para que essas condições se desviem das normas históricas, resultando em impactes que podem exceder a capacidade de adaptação dos sistemas humanos e naturais (Kahn, 2015). O risco climático engloba as ameaças colocadas pelas alterações climáticas à segurança humana, incluindo os riscos para os meios de subsistência, a segurança alimentar, os recursos hídricos e a saúde, bem como o potencial para conflitos e deslocações (Hsiang et al., 2017). O risco climático refere-se à probabilidade de impactos adversos resultantes de catástrofes relacionadas com o clima e ao potencial de esses impactos perturbarem os sistemas socioeconómicos, exacerbarem as desigualdades e comprometerem os esforços de desenvolvimento sustentável (Adger et al., 2017).

## 2.2 Quadro teórico

### 2.2.1 Teoria da vulnerabilidade

A teoria da vulnerabilidade, inicialmente proposta por Anthony Giddens no início da década de 1990, foi entretanto alargada por Martha Fineman em 2018. A tese central da teoria da vulnerabilidade de Fineman é que todos os seres humanos são vulneráveis e propensos à dependência (tanto crónica como episódica), pelo que o Estado tem a obrigação correspondente de reduzir, melhorar e compensar essa vulnerabilidade. Na sua essência, a teoria salienta que a vulnerabilidade é um aspeto inerente à condição humana, que afecta os indivíduos de forma crónica e episódica. Esta vulnerabilidade resulta de vários factores, incluindo condições sociais, económicas e ambientais, que podem deixar os indivíduos susceptíveis a danos e dependência.

A teoria sublinha a importância de reconhecer a vulnerabilidade como um aspeto generalizado e dinâmico da existência humana. Rejeita a noção de que a vulnerabilidade se limita a grupos ou indivíduos marginalizados específicos e, em vez disso, afirma que todos os indivíduos são inerentemente vulneráveis até certo ponto. Este reconhecimento desafia as noções tradicionais de autonomia e autossuficiência, realçando a interconexão e interdependência dos indivíduos na sociedade. De acordo com a teoria de Fineman, o Estado tem a obrigação fundamental de abordar e mitigar a vulnerabilidade através da implementação de políticas e programas que reduzam os danos, prestem apoio e promovam a resiliência. Esta obrigação decorre do reconhecimento da vulnerabilidade como uma condição universal e do papel do Estado como garante da justiça social e do bem-estar. A teoria também enfatiza a importância de compreender a vulnerabilidade no contexto dos sistemas socio-ecológicos. Reconhece que a vulnerabilidade é moldada por interações complexas entre as sociedades humanas e o ambiente natural, incluindo factores como as alterações climáticas, a globalização económica e os avanços tecnológicos. Na sua essência, a teoria da vulnerabilidade de Fineman postula que a vulnerabilidade é um fenómeno multifacetado influenciado por três componentes principais: exposição, sensibilidade e capacidade de adaptação. A exposição, que implica a exposição de indivíduos ou comunidades a factores de stress ou perigos externos, como as alterações climáticas. A sensibilidade implica a suscetibilidade dos indivíduos ou comunidades a danos ou impactos adversos resultantes da exposição. A capacidade de adaptação implica a capacidade de os indivíduos ou comunidades responderem e se adaptarem a condições variáveis, atenuarem os riscos e criarem resiliência. A teoria da vulnerabilidade é altamente relevante para este estudo, na medida em que oferece uma compreensão abrangente da vulnerabilidade às alterações climáticas nos sistemas agrícolas, centrando-se na exposição, na sensibilidade e na capacidade de adaptação. Dá ênfase à análise específica do contexto, particularmente relevante para o Governo Local de Kwande. Esta abordagem pode informar as decisões políticas para aumentar a resiliência climática e promover a agricultura sustentável, identificando vulnerabilidades específicas e desenvolvendo intervenções direcionadas para enfrentar os desafios enfrentados pelos agricultores e comunidades locais.

### 2.2.2 Teoria da resiliência

A teoria foi proposta por Holling e Lance Gunderson. A teoria tem raízes em estudos ecológicos da década de 1970, mas ganhou proeminência no domínio dos sistemas socioecológicos no final do século XX e início do século XXI. A teoria da resiliência postula que os sistemas sócio-ecológicos possuem capacidades adaptativas inerentes para absorver perturbações, reorganizar-se e adaptar-se, mantendo as funções e estruturas essenciais. Sublinha a natureza dinâmica dos sistemas e a sua capacidade de resistir e recuperar de choques e factores de stress. A resiliência é vista como um produto da diversidade do sistema, da conetividade, dos mecanismos de feedback e da governação adaptativa. A teoria distingue entre a resiliência da engenharia, que se centra na estabilidade do sistema e na resistência à mudança, e a resiliência ecológica, que realça a capacidade de adaptação e transformação.

A teoria da resiliência é adequada a este estudo, uma vez que oferece conhecimentos sobre a capacidade dos sistemas agrícolas no Governo Local de Kwande para resistir e recuperar de perturbações relacionadas com o clima. Ao aplicar esta teoria, as partes interessadas podem avaliar a capacidade de adaptação dos sistemas agrícolas, identificar as principais estratégias de reforço da resiliência e fomentar o desenvolvimento de estruturas de governação robustas e adaptáveis que promovam práticas de gestão sustentáveis e aumentem a resiliência aos riscos climáticos.

## 2.3 Revisão da literatura relacionada

### 2.3.1 Riscos climáticos enfrentados pelos sistemas agrícolas

As alterações climáticas representam um desafio formidável para os sistemas agrícolas na Nigéria, pondo em perigo a segurança alimentar, os meios de subsistência rurais e a estabilidade económica do país. A agricultura está profundamente interligada com o tempo e o clima, os principais motores da produção agrícola, mas também os factores dominantes na variabilidade global da produção alimentar (Selvaraju, Gommes e Bernardi, 2021) e uma fonte contínua de perturbação dos serviços ecossistémicos (Howden et al., 2017). A quantidade de precipitação e a sua distribuição são factores-chave que determinam as caraterísticas da estação das chuvas, os sistemas agrícolas, a produção de culturas arvenses e a criação de gado. A variabilidade interanual e intrassazonal da precipitação condiciona a produção agrícola nas regiões tropicais e subtropicais. Nas regiões tropicais semiáridas, a falta de fiabilidade da precipitação combinada com uma elevada procura evaporativa e solos com baixa capacidade de retenção de água e elevado potencial de escoamento resultam num elevado risco de défice hídrico em qualquer fase do crescimento das culturas (Muchow e Bellamy, 2019). O défice hídrico frequente no solo durante o desenvolvimento inicial das plantas, que resulta na mortalidade das plântulas, no atraso do desenvolvimento e na redução do rendimento, é muito comum. Há muitos casos em que o défice de água durante as fases posteriores do desenvolvimento das culturas é evidente. Os períodos de chuva e a precipitação excessiva durante a estação das chuvas criam encharcamento na zona das raízes, reduzem o crescimento das plantas e dificultam as operações de campo. A duração da estação das chuvas é um dos principais factores que afectam as perspectivas de produção das culturas. Num local específico, o início da estação das chuvas e a data final da precipitação variam muito de uma estação de cultivo para outra. A variação do início explica a variação significativa na duração da estação, uma vez que a data de início é mais variável do que a data final das chuvas. O início precoce das chuvas, em relação à data média de início para um determinado local, resulta numa estação de crescimento mais longa (Sivakumar, 2018).

No entanto, a relação entre a data de início e a duração da precipitação sazonal nem sempre é linear, uma vez que as caraterísticas da estação das chuvas são incertas. Para além da variabilidade sazonal da precipitação, as temperaturas mais elevadas da estação de crescimento podem ter impactos dramáticos na produtividade agrícola, nos rendimentos agrícolas e na segurança alimentar (Battisti e Naylor, 2019). A temperatura durante a época de cultivo excede frequentemente a temperatura óptima para processos fisiológicos como a fenologia, o desenvolvimento da área foliar, a acumulação de assimilados e o enchimento de grãos. A temperatura elevada do ar em torno da floração pode reduzir a viabilidade do pólen e a fixação dos grãos nos principais cereais dos trópicos (arroz, milho, sorgo, etc.). A incidência de temperaturas elevadas do solo durante o estabelecimento das culturas é também uma ameaça em ambientes semi-áridos e áridos. A temperatura da superfície do solo superior a 60 °C é comum em África, na Índia e nas regiões tropicais semi-áridas australianas, sendo frequente a mortalidade das plântulas ou as lesões térmicas.

A variabilidade intra-sazonal conduz a fenómenos climáticos extremos que têm um impacto direto na produção agrícola e nas oportunidades de subsistência no sector agrícola. Por exemplo, um défice sem precedentes de 49% da precipitação média em toda a Índia em julho de 2002 conduziu a uma grande seca, enquanto a precipitação esteve próxima do normal durante todos os outros meses da estação das chuvas. Esta situação levou a um declínio da produtividade das culturas a nível das explorações agrícolas, especialmente devido às interrupções atividade das monções a meio da estação. Os agricultores e os pastores perdem frequentemente todo o investimento efectuado durante a estação até à ocorrência de fenómenos climáticos extremos. Os fenómenos climáticos extremos durante a estação das colheitas constituem uma grande ameaça para o sector agrícola. O sistema global de informação e alerta precoce da FAO sobre alimentação e agricultura indica que as catástrofes de início súbito - especialmente as inundações - aumentaram de 14% de todas as catástrofes naturais na década de 1980 para 20% na década de 1990 e 27% desde 2000 (FAO, 2018).

O risco de variabilidade climática afecta a produção de leite, carne e lã, principalmente devido ao seu impacto na produtividade das pastagens e das pastagens. O stress térmico sofrido pelos animais reduz a taxa de ingestão de alimentos e resulta num fraco desempenho de crescimento (Rowlinson, 2018). Os múltiplos riscos relacionados com o clima têm consequências de grande alcance para o sector pecuário. Por exemplo, o "dzud" na Mongólia - uma catástrofe natural múltipla que consiste numa seca de verão que resulta em pastagens e produção de feno inadequadas, seguida de neve muito forte no inverno, ventos e temperaturas mais baixas do que o normal - impede o gado de aceder às pastagens ou de receber feno e forragem adequados. Entre 1999 e 2015, os pastores da Mongólia, em particular, sofreram o pior "dzud" dos últimos 30 anos, tendo perdido mais de 25% do número total dos seus animais, o que foi dez vezes superior ao ano normal (AIACC, 2016). A variabilidade climática e os extremos climáticos já estão a ter impactos nos sistemas de produção agrícola. As mudanças futuras associadas às alterações climáticas apresentarão desafios adicionais (Karl et al., 2018). É muito provável que a intensidade dos ciclones tropicais (Knutson et al., 2020) e a frequência dos fenómenos de precipitação intensa aumentem em muitas zonas durante século XXI. Ao mesmo tempo, prevê-se que as proporções de terras áridas aumentem, para além de uma tendência para a secagem durante o verão, especialmente nos subtrópicos e nas latitudes baixas e médias (Bates et al., 2018).

De acordo com o IPCC (2012), é provável que a frequência de precipitação intensa ou a proporção da precipitação total proveniente de quedas fortes aumente no século XXI em muitas áreas do globo; e existe uma confiança média de que as secas se intensificarão no século XXI em algumas estações e áreas, devido à redução da precipitação e/ou ao aumento da evapotranspiração. As alterações climáticas ameaçam a biodiversidade agrícola; o IPCC (2017) projectou que cerca de 20 a 30% das espécies vegetais e animais avaliadas até à data poderão correr um risco acrescido de extinção se o aumento da temperatura média global exceder 1,5-2,5° C em relação aos níveis de 1980-1999. Prevê-se que a gama de ervas daninhas, insectos e doenças das culturas se expanda para latitudes mais elevadas (Rosenzweig et al., 2015). As zonas costeiras e as pescas são particularmente propensas a riscos associados à subida do nível do mar, a alterações na salinidade dos oceanos, a ciclones e a uma diminuição das unidades populacionais e da disponibilidade de peixe devido ao aumento da temperatura da água (Hall-Spencer, Rodolfo-Metalpa e Martin, 2018). Lobell et al. (2018) realizaram uma análise dos riscos climáticos para as culturas em 12 regiões com insegurança alimentar para identificar prioridades de adaptação, com base em modelos estatísticos de culturas e projecções climáticas para 2030 a partir de 20 modelos de circulação geral. Os resultados indicaram o Sul da Ásia e a África Austral como duas regiões que, sem medidas de adaptação suficientes, sofrerão provavelmente impactos negativos em várias culturas que são importantes para grandes populações humanas com insegurança alimentar. Battisti e Naylor (2019) usaram dados observacionais e resultados de 23 modelos climáticos globais para mostrar uma alta probabilidade (>90%) de que as temperaturas da estação de crescimento nos trópicos e subtrópicos até o final do século XXI excedam as temperaturas sazonais mais extremas registadas de 1900 a 2016. Nas regiões temperadas, as estações mais quentes de que há registo representarão a norma futura em muitos locais.

Idumah, Mangodo, Ighodaro e Owombo (2016) investigaram o efeito das alterações climáticas na produção alimentar na Nigéria utilizando dados secundários. O estudo baseou-se no modelo vetorial de correção de erros e concluiu que existe uma relação de longo prazo entre as alterações climáticas e a produção alimentar e que a precipitação tem um impacto positivo na produção alimentar. De igual modo, Ayinde, Ajewole, Ogunlade e Adewumi (2020) efectuaram uma análise empírica da produção agrícola e das alterações climáticas na Nigéria durante os períodos de 1987 a 2015, utilizando estatísticas descritivas, testes de causalidade de Granger e análises de regressão, e concluíram que a precipitação apresenta variabilidade e que a causalidade vai das alterações climáticas à produção agrícola. Além disso, Oyinbo, Rekwot e Duniya (2014) investigaram o impacto do padrão de precipitação na produção agrícola na Nigéria durante o período de 1970 a 2018, utilizando um teste de causalidade de Vetor Autoregressivo (VAR) e de Granger, e concluíram que existe uma causalidade unidirecional entre o padrão de precipitação e a produção agrícola na Nigéria e que as alterações no padrão de precipitação são determinantes do nível de produção do sector agrícola na Nigéria.

### 2.3.2 Impactos socioeconómicos das alterações climáticas nas comunidades agrícolas

A Nigéria, tal como muitos países da África Subsariana, é suscetível aos impactos da alteração das condições climáticas. Investigadores como Ayinde et al. (2021), Ughaelu (2017) e Ikem (2018) observaram que as catástrofes ambientais recorrentes na Nigéria contribuíram para a diminuição da produtividade alimentar e o aumento do sofrimento humano na última década. Nomeadamente, em 2012, a Nigéria sofreu graves inundações, sem precedentes nos quarenta anos anteriores, que resultaram em perdas substanciais de vidas humanas, colheitas, gado e deslocação de pessoas (Ogbuchi, 2020). Os efeitos das alterações climáticas variam entre as seis zonas vegetativas da Nigéria, como sublinhado por Ughaelu (2017). O Sudão semi-árido e a região árida da Savana do Sahel enfrentam uma redução da precipitação, secas e um aumento da desertificação. As savanas do Norte e do Sul da Guiné registam alterações nos padrões de precipitação, incluindo um início tardio e uma estação seca prolongada. As zonas ao longo da costa sofrem frequentemente de inundações graves durante a estação das chuvas (Ikem, 2018). Na zona da floresta tropical, as alterações climáticas resultam num atraso no início da precipitação, em estações secas prolongadas, em ondas de calor e no aumento das inundações costeiras. O pântano dos mangais sofre a inundação de planícies tipicamente secas, bem como a subida do nível do mar, que representa um risco para as actividades agrícolas. Além disso, as temperaturas mais elevadas da água têm um impacto negativo na pesca (Berhanu e Wolde, 2019). O impacto das alterações climáticas na produtividade agrícola na Nigéria resultou na deterioração das zonas afectadas, tornando-as impróprias para a produção vegetal e animal. Este facto tem sido atribuído à utilização dos recursos naturais (Wossen et al., 2018). Além disso, as inundações persistentes das linhas costeiras e das zonas mais a sul da Nigéria causaram danos às culturas, perda de fertilidade do solo, toxicidade do solo e perturbação do ecossistema do solo. As preocupações relativas ao impacto das alterações climáticas na produção sustentável de alimentos na Nigéria foram destacadas pelo Banco Mundial e pela Organização das Nações Unidas para a Alimentação e a Agricultura nas suas respectivas publicações (Banco Mundial, 2016; FAO, 2017). As alterações climáticas têm tido um impacto significativo na produtividade agrícola da Nigéria, levando à redução da produção, à escassez de alimentos e ao aumento dos preços. As variações climáticas, como as secas, a precipitação intensa, as inundações e o aumento das temperaturas, afectaram negativamente os sistemas alimentares e a produtividade agrícola. Adishi e Oluka (2018) observam que as alterações climáticas se tornaram uma realidade quotidiana na Nigéria, com problemas ambientais como inundações, secas, aumento das temperaturas e fenómenos meteorológicos extremos que perturbam cada vez mais as actividades agrícolas. Do mesmo modo, Onuoha e Ezirim (2020) afirmam que as alterações climáticas representam uma ameaça para os meios de subsistência de aproximadamente 15 milhões de pastores no norte da Nigéria devido à redução do acesso à água e à escassez de recursos de pastagem.

Ayo et al. (2014) referem no seu estudo que as alterações climáticas estão a agravar a insegurança alimentar em zonas vulneráveis da Nigéria, resultando em fome e subnutrição. Sugerem ainda que a variabilidade climática e os fenómenos extremos colocarão desafios significativos à estabilidade alimentar e que os aumentos persistentes dos preços dos alimentos podem tornar os alimentos básicos incomportáveis para as pessoas com baixos rendimentos. Fasona e Omojola (2015) concluem no seu estudo que a aridez crescente nas regiões do Sahel e da savana do Sudão tornou improdutivas para a agricultura grandes extensões de terra na Nigéria, agravando as crises de segurança alimentar em zonas densamente povoadas. Prevêem igualmente que o número de crianças subnutridas na Nigéria continuará a aumentar devido às ameaças colocadas pelas alterações climáticas. Idumah et al. (2016) analisam a relação entre as variáveis climáticas, como a precipitação, a temperatura e a humidade relativa, e a produção agrícola na Nigéria, utilizando dados de séries cronológicas de 1975 a 2020. O seu estudo confirma que as alterações climáticas têm um impacto significativo na produção alimentar, com o aumento das temperaturas e a imprevisibilidade da precipitação a alterarem os padrões agrícolas tradicionais na Nigéria. Os fenómenos climáticos extremos, como as secas e as inundações, estão a colocar o sector agrícola em crise. Os investigadores estão a estudar a relação entre as alterações climáticas e a segurança alimentar utilizando métodos como a observação direta, inquéritos e análise de dados meteorológicos.

Numerosos estudos empíricos demonstraram os efeitos prejudiciais da variabilidade climática na produtividade agrícola. Por exemplo, Muringai et al. (2020) investigaram o impacto da diminuição dos recursos hídricos, do aumento das temperaturas e do aumento das emissões de $CO_2$ na produção alimentar. De acordo com a investigação de Muringai et al. (2020), as alterações climáticas têm um impacto significativo no desempenho das culturas e na cadeia de abastecimento do sector das pescas, com as secas induzidas pelas alterações climáticas a terem consequências adversas para as regiões dependentes dos recursos hídricos naturais. Do mesmo modo, Anyika (2020) observou que a diminuição dos recursos hídricos na zona do Lago Chade, na Nigéria, resultante das alterações climáticas, teve um impacto drástico em actividades de pesca anteriormente prósperas e lucrativas, levando à rutura da cadeia de abastecimento de peixe e deixando muitos pescadores no desemprego. Além disso, Oyinloye et al. (2018) destacaram as consequências perigosas das alterações climáticas para a vida aquática. O aumento da temperatura da água provocado pelas alterações climáticas leva à redução dos níveis de oxigénio, desestabilizando os habitats dos peixes e causando potencialmente a sua mortalidade. A desertificação também contribui para a perda de massas de água e de espécies aquáticas. As alterações climáticas têm impacto na produção alimentar, afectando a composição nutricional e podendo causar alimentos tóxicos ou necessidades calóricas diárias insuficientes. Por exemplo, a investigação de Oladele (2020) indica que as culturas expostas a níveis elevados de CO2 apresentam concentrações reduzidas de proteínas.

À medida que a concentração atmosférica de CO2 continua a aumentar, a qualidade das culturas alimentares irá diminuir gradualmente. Outro estudo de Berhanu e Wolde (2019) destaca os efeitos negativos de fenómenos meteorológicos extremos, como a precipitação intensa, as inundações e a seca, na composição dos elementos minerais do solo. A precipitação excessiva pode resultar na perda de fertilidade do solo por lixiviação, enquanto as inundações podem aumentar a acidez do solo. A seca também está associada à toxicidade do solo. Estas condições têm efeitos prejudiciais na produção alimentar. Igwe (2019) descobriu que as inundações persistentes podem fazer com que elementos nocivos, como o arsénico, sejam absorvidos pelas culturas, o que, se consumido em grandes quantidades, pode levar à insuficiência cardíaca. Outros estudos também associaram as inundações e as secas à contaminação dos alimentos (Ughaelu, 2017 e Ojo & Adebayo (2012). Para além do seu impacto na produção alimentar, a variabilidade climática coloca sérios desafios ao armazenamento de alimentos.

Ikem (2018) descobriu no seu estudo que a alteração das condições climáticas na África Subsariana, que incluem frequentemente temperaturas elevadas e ondas de calor prolongadas, resulta em perdas significativas para os agricultores e comerciantes de produtos agrícolas devido à deterioração. Muitos destes agricultores e comerciantes não dispõem de meios para criar instalações de armazenamento que possam ajudar a manter um ambiente de armazenamento ótimo e evitar a deterioração. Ufot (2019) também observou efeitos adversos no armazenamento de raízes, tubérculos e culturas hortícolas devido à alteração das condições climáticas. Do mesmo modo, observou que o aumento das temperaturas atmosféricas acelera o processo de decomposição de culturas como o inhame, a batata, o tomate, a cebola, a cenoura, a couve, o pimento, a abóbora e outros produtos hortícolas. Este facto leva a perdas anuais de mais de 2000 toneladas de inhame e 2500 toneladas de culturas hortícolas na Nigéria devido à decomposição. Para fazer face aos danos perceptíveis associados à deterioração do inhame, o governo do Estado de Benue construiu uma instalação de armazenamento de inhame com capacidade para 200.000 tubérculos em Zaki Biam, uma cidade conhecida pela produção de inhame. No entanto, Ufot (2019) considera esta instalação insuficiente, uma vez que o Estado de Benue é responsável por cerca de 70% da produção total de inhame na Nigéria. Ughaelu (2017) enfatiza que os agricultores na Nigéria continuarão a debater-se com desafios de armazenamento de alimentos até que sejam feitos esforços para fornecer instalações de armazenamento que possam mitigar os efeitos das alterações climáticas. De acordo com Ogbuchi (2020), as alterações climáticas têm um impacto significativo na segurança alimentar, causando mudanças nas condições ambientais que obrigam as pessoas a afastarem-se dos seus habitats originais, onde se dedicam à produção de alimentos e a outras actividades económicas, tornando-as mais susceptíveis à insegurança alimentar. Estudos anteriores de Oyinloye et al. (2018) estabeleceram uma ligação entre a migração forçada e a insegurança alimentar. Estes estudos concluíram que a migração forçada na Nigéria limita o acesso aos alimentos, expondo as vítimas à subnutrição. As alterações climáticas têm impacto na produção alimentar, na produtividade agrícola e nas perdas de colheitas. As grandes inundações e o atraso na precipitação agravam a subnutrição, a fome, a inanição e a pobreza. As alterações climáticas também alteram o rendimento das culturas através da evapotranspiração, da fotossíntese e da biomassa, afectando as épocas de crescimento e de colheita. A Agência Meteorológica da Nigéria (NIMET, 2015) registou alterações nos parâmetros climáticos, como a precipitação, a temperatura e os fenómenos meteorológicos extremos em diferentes zonas ecológicas da Nigéria, que afectaram negativamente as actividades agrícolas. Ethan (2015) efectuou uma análise dos dados climáticos nigerianos e constatou alterações no início e no fim da precipitação, que influenciaram o padrão do sistema alimentar na Nigéria. As alterações climáticas causam insegurança alimentar ao alterar os nutrientes do solo, reduzir os recursos hídricos e promover o crescimento de ervas daninhas e pragas. Também conduzem à desertificação, à erosão e à devastação ecológica. Na Nigéria, a fraca produção agrícola resulta numa grave crise de segurança alimentar, que perturba os sistemas de produção e distribuição, conduzindo à escassez de alimentos e ao aumento dos preços.

### 2.3.3 Estratégias e intervenções de gestão dos riscos climáticos na agricultura da Nigéria

A diversificação das culturas e das práticas agrícolas é crucial para que o sistema agrícola da Nigéria se adapte aos desafios colocados pelas alterações climáticas. De acordo com Adishi & Oluka (2018), o sistema agrícola da Nigéria depende fortemente de culturas de base como o milho, o arroz e a mandioca, que são vulneráveis às alterações climáticas e às pragas. A diversificação da gama de culturas, tanto tradicionais como exóticas, pode aumentar a resiliência às alterações climáticas. As culturas resistentes ao clima, como o painço, o sorgo, a batata-doce e as leguminosas, podem resistir à seca, a temperaturas mais elevadas e às pragas (Uwazie, 2020). Isto reduz a dependência dos agricultores e minimiza a vulnerabilidade aos riscos relacionados com o clima. As práticas agroflorestais, como a consociação de árvores com culturas, podem aumentar a biodiversidade, melhorar a retenção de humidade no solo e proporcionar fontes de rendimento adicionais. No entanto, a promoção da diversificação requer um ambiente político favorável, o acesso ao conhecimento e à informação e incentivos financeiros para os agricultores. De acordo com Ogbuchi (2020), a colaboração entre as partes interessadas é crucial para garantir a sustentabilidade e a resiliência a longo prazo face às alterações climáticas.

O melhoramento das culturas e a utilização de variedades melhoradas são estratégias vitais para aumentar a resiliência climática do sistema agrícola da Nigéria. Anyika (2020) afirma que o desenvolvimento e a adoção de variedades de culturas resistentes ao clima através de métodos tradicionais de reprodução ou de engenharia genética são cruciais para garantir que as culturas possam resistir aos desafios colocados pelas alterações climáticas, como a seca, o calor e as pragas. As variedades de culturas resistentes ao clima podem ser desenvolvidas através do melhoramento convencional, da engenharia genética e de variedades de sementes melhoradas. O melhoramento convencional envolve a seleção e o cruzamento de plantas com caraterísticas desejáveis, enquanto a engenharia genética introduz genes de outras espécies para aumentar a resistência das culturas. No entanto, as culturas geneticamente modificadas devem ser exaustivamente testadas para garantir a sua segurança e cumprir regulamentos rigorosos (Aworawo, Adekunle & Babayo, 2017). As variedades de sementes melhoradas, adaptadas às condições agroecológicas locais, podem aumentar a capacidade de adaptação e os rendimentos dos agricultores.A gestão da água e as práticas de irrigação eficientes são fundamentais para mitigar o impacto das alterações climáticas na agricultura. Para Ayo, Omosebi & Sulieman (2014), as alterações climáticas conduziram a padrões de precipitação imprevisíveis e a uma menor disponibilidade de água, colocando desafios significativos aos agricultores de todo o mundo. Para garantir a segurança alimentar e práticas agrícolas sustentáveis, devem ser implementadas estratégias eficazes de gestão da água. O investimento em infra-estruturas de irrigação, como os sistemas de pequena escala e de base comunitária, é crucial. Técnicas de irrigação eficientes, como a irrigação por gotejamento e a agricultura de precisão, podem otimizar o uso da água e minimizar a perda de água (Berhanu, & Wolde, 2019). De acordo com Ayinde, Adepetu & Olagoye (2021), as tecnologias de irrigação inteligente, como sensores de humidade do solo e sistemas automatizados, podem ajudar os agricultores a adaptarem-se às condições climáticas em mudança e proporcionar um maior controlo sobre os recursos hídricos. Estas abordagens inovadoras não só beneficiam os agricultores como também contribuem para a sustentabilidade ambiental, reduzindo a utilização excessiva de água e preservando os recursos hídricos para fins agrícolas e não agrícolas. As práticas sustentáveis de gestão dos solos são cruciais para combater os efeitos prejudiciais das alterações climáticas na saúde, erosão e fertilidade dos solos. Enete, (2000) e FAO (2017) afirmam que as alterações climáticas exacerbam a erosão do solo, causam a sua degradação e diminuem a sua fertilidade, colocando ameaças significativas à produtividade agrícola e à segurança alimentar. As práticas sustentáveis de gestão do solo, como a agricultura de conservação, incluindo a lavoura mínima, a gestão dos resíduos das culturas, as culturas de cobertura, os terraços e a agrossilvicultura, podem minimizar os impactos no solo, proteger o solo da erosão e aumentar a produtividade agrícola (Ethan, 2015). Estas práticas não só atenuam os impactes das alterações climáticas, como também contribuem para a segurança alimentar e a conservação da biodiversidade. Face às alterações climáticas, segundo a FAO, o FIDA, a UNICEF, o PAM e a OMS (2019), a adoção de práticas agrícolas inteligentes face ao clima é essencial para garantir sistemas de produção alimentar sustentáveis e resilientes. Estas práticas têm como objetivo aumentar a produtividade agrícola e, simultaneamente, melhorar a adaptação às alterações climáticas e reduzir as emissões de gases com efeito de estufa. As práticas agrícolas inteligentes do ponto de vista climático centram-se nas interações ecológicas, na diversidade e na resiliência. Fasona & Omojola (2015) afirmam que a agroecologia, a agricultura biológica e a agricultura de precisão são práticas que promovem a saúde dos solos, a biodiversidade e a conservação dos recursos naturais. A agroecologia utiliza técnicas como a diversificação de culturas, a consociação de culturas e a integração da pecuária para melhorar a saúde do solo e reduzir a dependência de fertilizantes sintéticos e pesticidas. A agricultura biológica utiliza insumos naturais como composto e fertilizantes orgânicos, enquanto a agricultura de precisão utiliza tecnologia para otimizar a utilização de recursos e monitorizar o crescimento das culturas (George, Adelaja, & Weatherspoon, 2020). A gestão integrada de pragas utiliza métodos naturais para gerir as pragas, reduzindo a dependência de pesticidas sintéticos. Estas práticas, de acordo com Idumah, Mangodo, Ighadaro & Owombo (2016), aumentam a produtividade agrícola, criam resiliência às alterações climáticas e contribuem para a mitigação dos gases com efeito de estufa, reduzindo as emissões e sequestrando carbono nos solos agrícolas e na vegetação.

O acesso ao crédito e aos seguros é crucial para os agricultores, especialmente para os pequenos agricultores, que são frequentemente mais vulneráveis aos efeitos adversos das alterações climáticas (Adishi & Oluka, 2018). As alterações climáticas podem conduzir a padrões meteorológicos imprevisíveis, causando quebras de colheitas, rendimentos reduzidos e perdas financeiras para os agricultores. O acesso a crédito a preços acessíveis e a regimes de seguro é crucial para ajudar os agricultores a fazer face a estes riscos. O crédito permite que os agricultores invistam em práticas e tecnologias agrícolas resistentes ao clima, aumentem a sobrevivência das culturas e recuperem de perdas relacionadas com o clima (Otekunrin, Otekunrin, Momoh & Ayinde, 2019). Os regimes de seguro protegem os agricultores do impacto financeiro das quebras de colheitas e dos fenómenos meteorológicos extremos, permitindo-lhes reclamar uma compensação pelas perdas de colheitas. Os esforços de colaboração entre governos e instituições financeiras podem ajudar a conceber produtos de seguros adaptados às necessidades dos pequenos , incluindo pagamentos flexíveis de prémios, cobertura contra riscos climáticos e procedimentos simplificados de reclamação (International Crisis Group, 2017).

A informação climática e os sistemas de alerta precoce desempenham um papel fundamental no apoio aos agricultores para que tomem decisões informadas e adaptem as suas práticas agrícolas em resposta à alteração dos padrões meteorológicos e aos riscos relacionados com o clima (Kralovec, 2020). A informação climática é crucial para os agricultores planearem as suas culturas, gerirem a irrigação e tomarem decisões informadas. Os sistemas de monitorização meteorológica, incluindo as estações meteorológicas, as imagens de satélite e as tecnologias de teledeteção, fornecem informações essenciais sobre as tendências climáticas. De acordo com Muringai, Naidoo, Mafongoya & Lottering (2020), os serviços climáticos, que fornecem informações de fácil utilização, são essenciais para os agricultores.

# CAPÍTULO 3
# METODOLOGIA DE INVESTIGAÇÃO

Este capítulo abordou o método a no estudo, esclarecendo os seguintes aspectos: conceção da investigação, população do estudo, necessidades e fontes de dados, técnica e dimensão da amostragem, descrição do instrumento de investigação e método de análise dos dados.

## 3.1 Conceção da investigação

Neste estudo, é utilizado o método de investigação por inquérito. O método de conceção de inquérito é o mais adequado para este estudo devido às vantagens que oferece. Facilita a recolha de dados junto de um grande número de inquiridos, obtendo opiniões diferentes sobre o tema em estudo, e também oferece ao investigador uma grande flexibilidade na análise dos dados. Calhoun (2021) corrobora esta afirmação, salientando que o método de inquérito é mais rápido na recolha de dados do que outros métodos, é relativamente barato, é preciso e permite o acesso a um vasto leque de participantes.

## 3.2 População do estudo

A população-alvo para este estudo inclui o número total de residentes activos da Administração Local de Kwande. A seleção baseou-se em inquiridos que devem ter permanecido na Administração Local de Kwande durante pelo menos dez (10) anos. Acredita-se que a sua longevidade na Administração Local de Kwande significa que já experimentaram as alterações climáticas na produção agrícola. Com base nos dados projectados pela Nigeria Metro Area Population, a população da Administração Local de Kwande em 2023 está estimada em 4.619.795 residentes

## 3.3 Necessidades de dados

Neste estudo, as necessidades de dados incluem os dados sobre o;

v. Riscos climáticos enfrentados pelos sistemas agrícolas no governo local de Kwande.

vi. Estratégias de gestão dos riscos climáticos e intervenções na agricultura na administração local de Kwande.

vii. Os impactos das alterações climáticas nas comunidades agrícolas da administração local de Kwande.

viii. As estratégias inovadoras de gestão dos riscos climáticos e as medidas de adaptação propostas para a agricultura no governo local de Kwande.

## 3.4 Dimensão da amostra e técnicas de amostragem

### 3.4.1 Determinação da dimensão da amostra

Relativamente a este estudo, a dimensão definitiva da amostra foi determinada utilizando a fórmula de dimensão da amostra de Taro Yamane (1967). (Ohaja, 2003) considera que a seleção de um tamanho de amostra "é necessária devido impraticabilidade de estudar toda a população na maioria dos casos".

$N\ 1+N\ (e)^2$

Onde

n= dimensão da amostra

N= Elementos da população (4.619.795 no presente estudo)

e= Erro de amostragem (proporção de 0,05 neste estudo). Portanto:

$n = 4{,}619{,}795\ 1 + 4{,}619{,}795 \times (0.05)^2$

$n = 4{,}619{,}795\ 1 + 4{,}619{,}795 \times 0.0025$

n= 4,619,795

11,550.4874

n= 399.96537

n= 400 (aproximadamente)

Por conseguinte, a dimensão da amostra para este estudo foi de 400.

### 3.4.2 Técnica e procedimento de amostragem

Neste contexto, foram utilizadas várias etapas para selecionar os inquiridos para este estudo. Em primeiro lugar, foi utilizada a amostragem estratificada para dividir o clã Nanev nas principais áreas de povoamento de Adikpo Township, Usar e Mbayoo. Osuala (2017) observa que isto implica dividir a população em estratos separados numa técnica de amostragem que se presume estar estreitamente associada às variáveis em estudo. Em segundo lugar, foi utilizada a técnica de amostragem aleatória simples para selecionar compostos de cada um dos distritos selecionados. Um total de duas (12) casas selecionadas em cada distrito, elevando o número total de casas selecionadas para noventa e seis (80) agregados familiares. Cinco inquiridos foram selecionados aleatoriamente em cada casa, elevando o número total de inquiridos para quatrocentos (400). Esta seleção baseou-se naqueles que permaneceram no Clã Nanev durante mais de dez anos. Todos os resultados aqui recolhidos são generalizados a todo o governo local de Kwande.

### 3.5 Método de recolha de dados

Tendo em conta o estudo em , foram utilizados questionários para obter os dados necessários dos inquiridos selecionados e recolhidos após a sua conclusão. Um questionário é utilizado para averiguar factos, opiniões, crenças, atitudes, ideias, práticas e outras informações demográficas (Obasi, 1999). O questionário dividia-se em duas partes. A Parte A continha itens sobre a demografia dos inquiridos, enquanto a Parte B continha itens que respondiam às perguntas de investigação formuladas para o estudo. O questionário foi concebido de forma a permitir a obtenção de todas as informações necessárias relativas ao estudo. Foram contratados dois amigos para ajudar a administrar o questionário aos inquiridos.

### 3.6 Método de análise de dados

Os dados recolhidos foram analisados através de um quadro simples que apresenta as respectivas frequências e percentagens. Estas ferramentas estatísticas foram utilizadas por serem as mais adequadas para decompor e analisar os dados gerados.

# CAPÍTULO 4

# APRESENTAÇÃO DOS DADOS, ANÁLISE E DISCUSSÃO DOS RESULTADOS

Os dados recolhidos para o estudo através de um inquérito por questionário são apresentados neste capítulo através de tabelas de percentagens simples. A análise é efectuada com os 400 exemplares de questionários recuperados dos 420 que foram administrados (representando uma taxa de resposta de 95,2%) e considerados utilizáveis.

## 4.1 Apresentações e análises de dados

**Tabela 1: Distribuição demográfica dos inquiridos**

| Género | Frequência (400) | Percentagem |
|---|---|---|
| Masculino | 207 | 56 |
| Feminino | 194 | 44 |
| Idade | | |
| 0-18 anos | 62 | 16 |
| 19-25 anos | 205 | 51 |
| 26-30 anos | 94 | 24 |
| 31-35 anos | 39 | 10 |
| Estado civil | | |
| Individual | 233 | 58 |
| Casado | 116 | 29 |
| Divorciado | 13 | 3 |
| Viúva | 38 | 10 |
| Religião | | |
| O cristianismo | 303 | 76 |
| Islão | 97 | 24 |
| Nível de escolaridade | | |
| F.S.L.C | 123 | 31 |
| OND/ND | 67 | 17 |
| HND | 64 | 16 |
| NCE | 53 | 13 |
| Grau | 91 | 23 |
| Grupos étnicos | | |
| Igede | 57 | 14 |
| Hausa | 45 | 5 |
| Idoma | 55 | 14 |
| Tiv | 178 | 45 |
| Outros | 65 | 16 |
| Ocupação | | |
| Agricultores | 233 | 58 |

| | | |
|---|---|---|
| Empresas | 38 | 10 |
| Estudantes | 13 | 3 |
| Artesanato | 116 | 29 |

**Fonte: Inquérito de campo, 2024**

A Tabela 1 apresenta a distribuição demográfica dos inquiridos neste estudo, fornecendo informações valiosas sobre as caraterísticas da população da amostra. A tabela apresenta dados sobre o sexo, a idade, o estado civil, a religião, o grau de instrução, os grupos étnicos e a profissão, cada um acompanhado da frequência e da percentagem de inquiridos. Entre os 400 inquiridos, 207 (56%) identificaram-se como homens, enquanto 194 (44%) se identificaram como mulheres. Esta distribuição sugere uma representação ligeiramente superior do género masculino na amostra. Relativamente à distribuição etária, a maior proporção de inquiridos situa-se na categoria dos 19-25 anos, com 205 indivíduos, representando 51% da amostra. Seguem-se 94 inquiridos (24%) com idades entre os 26 e os 30 anos, 62 (16%) com idades entre os 0 e os 18 anos e 39 (10%) com idades entre os 31 e os 35 anos. Em termos de estado civil, a maioria dos inquiridos identificou-se como solteira, com 233 indivíduos (58%). 116 (29%) casados, 38 (10%) viúvos e apenas 13 (3%) divorciados.

O cristianismo foi a religião predominante entre os inquiridos, com 303 indivíduos (76%) a identificarem-se como cristãos. Os restantes 97 inquiridos (24%) identificaram-se como muçulmanos. O nível de escolaridade dos inquiridos variava, com uma proporção relativa de indivíduos com um curso superior completo (91 indivíduos (23%)). Seguiram-se os inquiridos com F.S.L.C (First School Leaving Certificate), com 123 (31%), OND/ND (Ordinary National Diploma/National Diploma), com 67 (17%), HND (Higher National Diploma), com 64 (16%), e NCE (National Certificate of Education), com 53 (13%). A composição étnica dos inquiridos era diversa, sendo o grupo étnico Tiv o mais representado, com 178 indivíduos (45%). Outros grupos étnicos incluíam Igede com 57 indivíduos (14%), Idoma com 55 indivíduos (14%) e Hausa com 45 indivíduos (11%). Além disso, 65 inquiridos (16%) identificaram-se com outros grupos étnicos. A maioria dos inquiridos identificou-se como agricultor, representando 233 indivíduos (58%) da amostra. Seguiram-se os inquiridos que se dedicam ao artesanato, 116 (29%), aos negócios, 38 (10%), e aos estudantes, 13 (3%). A distribuição demográfica dos inquiridos neste estudo reflecte uma população predominantemente masculina, com uma maioria entre os 19 e os 25 anos, solteira e identificada como cristã.

Os níveis de educação variam, sendo a etnia Tiv a mais proeminente. A maioria dos inquiridos são agricultores, com uma pequena percentagem a dedicar-se ao artesanato, ao comércio ou à educação.

**Quadro 2: Tem conhecimento dos elementos ou das alterações climáticas?**

| Variáveis | Frequência | Percentagem |
|---|---|---|
| Sim, estou ciente | 303 | 66 |
| Não, não tenho conhecimento | 97 | 34 |
| Total | 400 | 100 |

**Fonte: Inquérito de campo, 2024**

Esta tabela apresenta dados sobre o conhecimento dos elementos ou alterações climáticas entre os inquiridos, destacando a frequência e a percentagem de indivíduos que indicaram o seu conhecimento ou a falta dele. Entre os inquiridos, uma maioria substancial, constituída por 303 indivíduos (66%), indicou ter conhecimento dos elementos ou das alterações climáticas. No entanto, uma proporção notável de inquiridos, 97 indivíduos (34%), indicou que não tinha conhecimento dos elementos ou das alterações climáticas. Estes dados sugerem que, embora uma parte significativa da população da amostra esteja ciente dos elementos ou das alterações climáticas, há ainda uma parte considerável que não está ciente.

**Quadro 3: Alguma vez foi afetado pelas alterações climáticas?**

| Variáveis | Frequência | Percentagem |
|---|---|---|
| Sim, fui afetado | 300 | 75 |
| Não, fui afetado | 100 | 25 |
| Total | 400 | 100 |

**Fonte: Inquérito de campo, 2024**

A Tabela 3 descreve em que medida os inquiridos foram afectados pelas alterações climáticas, apresentando a frequência e a percentagem de indivíduos que sofreram os seus efeitos ou que não foram afectados. Os resultados revelam que uma maioria significativa dos inquiridos, num total de 300 indivíduos

(75%), declarou ter sido efetivamente afetada pelas alterações climáticas. Isto indica que uma parte substancial da população da amostra sofreu diretamente as ramificações das climáticas. Por outro lado, uma proporção menor, mas digna de nota, de 100 indivíduos (25%), declarou não ter sido afetada pelas alterações climáticas. Embora este grupo represente uma minoria na amostra de , sublinha a existência de indivíduos que ainda não sofreram os impactos diretos das alterações climáticas. Isto implica que um número considerável de indivíduos já se deparou com os efeitos das alterações climáticas em primeira mão.

**Quadro 4: Quais são os riscos climáticos actuais que ?**

| VARIÁVEL | SA | A | D | SD | Total |
|---|---|---|---|---|---|
| Variação da pluviosidade | 287 (71.75%) | 54 (13.5%) | 25 (6.25 %) | 34 (8.5%) | 400 (100%) |
| Infestação de pragas | 290 (72.5%) | 51 (12.75 %) | 39 (9.75 %) | 20 (5%) | 400 (100%) |
| Ocorrência de inundações | 291 (72.75%) | 50 (12.5%) | 34 (8.5%) | 25 (6.25%) | 400 (100%) |
| Seca | 265 (66.25%) | 76 (19%) | 29 (7.25 %) | 30 (7.5%) | 400 (100%) |
| Temperaturas extremas | 295 (73.75%) | 46 (11.5%) | 30 (7.5%) | 29 (7.25%) | 400 (100%) |
| Queima de mato | 290 (72.5%) | 51 (12.75 %) | 39 (9.75 %) | 20 (5%) | 400 (100%) |
| Erosão | 300 (75%) | 34 (8.5%) | 33 (8.25 %) | 33 (8.25%) | 400 (100%) |
| Todas as opções anteriores | 306 (76.5%) | 36 (9%) | 30 (7.5%) | 31 (7.75%) | 400 (100%) |

**Fonte: Inquérito de campo, 2024**

A Tabela 4 apresenta uma visão geral vários riscos climáticos encontrados pelos inquiridos. A partir dos resultados, uma grande maioria dos inquiridos, incluindo 287 indivíduos (71,75%), relatou ter sofrido variações na precipitação. Do mesmo modo, uma proporção significativa dos inquiridos, totalizando 290 indivíduos (72,5%), indicou enfrentar infestação de pragas. A ocorrência de inundações foi relatada por 291 inquiridos (72,75%), destacando o impacto generalizado dos eventos de inundação nas comunidades e infra-estruturas. Um número considerável de inquiridos, totalizando 265 indivíduos (66,25%), referiu a ocorrência de condições de seca. A maioria dos inquiridos, 295 indivíduos

(73,75%), referiu ter enfrentado temperaturas extremas. As queimadas foram identificadas como um risco climático por 290 inquiridos (72,5%), destacando a prevalência de práticas de gestão de terras que contribuem para os riscos de incêndio, a degradação do habitat e a poluição atmosférica. A erosão surgiu como uma preocupação significativa entre os inquiridos, com 300 indivíduos (75%) a referirem a erosão como um risco climático. Uma proporção substancial dos inquiridos, totalizando 306 indivíduos (76,5%), indicou ter experimentado todos os riscos climáticos acima mencionados. Isto implica que a maioria dos inquiridos enfrentou riscos climáticos que vão desde a variação da precipitação, infestação de pragas, ocorrência de cheias, seca, temperaturas extremas, queimadas e erosão.

**Quadro 5: Impactos socioeconómicos das alterações climáticas nas comunidades agrícolas da administração local de Kwande**

| VARIÁVEL | SA | A | D | SD |
|---|---|---|---|---|
| As alterações climáticas têm impacto na temperatura, nos padrões de precipitação e nos fenómenos meteorológicos extremos, reduzindo o rendimento das culturas e a produtividade do gado, o que conduz a rendimentos agrícolas mais baixos e à insegurança alimentar | 290 (73%) | 51 (13%) | 39 (10%) | 20 (5%) |
| As alterações climáticas agravam as disparidades socioeconómicas, em especial para os pequenos agricultores com recursos limitados e acesso a tecnologias de adaptação, empurrando-os potencialmente para a pobreza. | 300 (75%) | 34 (9%) | 33 (8%) | 33 (8%) |
| Os impactes das alterações climáticas conduzem à perda de meios de subsistência, de recursos e de acesso à água, causando migrações, perturbações sociais, problemas urbanos e de saúde. pressão e conflitos de recursos. | 306 (77%) | 36 (9%) | 30 (8%) | 31 (8%) |
| Os impactos das alterações climáticas, incluindo a redução do rendimento das culturas e as perdas de gado, conduzem à perda de postos de trabalho e à redução dos rendimentos das famílias, e diminuição do poder de compra. | 275 (69%) | 66 (17%) | 30 (8%) | 29 (7%) |

**Fonte: Inquérito de campo, 2024**

A Tabela 5 apresenta uma visão abrangente dos impactos socioeconómicos das alterações climáticas nas comunidades agrícolas do Governo Local de Kwande. A maioria dos inquiridos, incluindo 290 indivíduos (73%), destacou os efeitos adversos das alterações climáticas na temperatura, nos padrões de precipitação e nos fenómenos meteorológicos extremos, resultando na redução do rendimento das culturas e da produtividade do gado. Estes impactos contribuem para a redução dos rendimentos agrícolas e para a insegurança alimentar, colocando desafios significativos aos meios de subsistência rurais e aos sistemas alimentares. Uma proporção substancial dos inquiridos, num total de 300 indivíduos (75%), salientou que as alterações climáticas exacerbam as disparidades socioeconómicas, afectando particularmente os pequenos agricultores com recursos limitados e acesso a tecnologias de adaptação. Este agravamento das desigualdades existentes tem o potencial de empurrar as populações vulneráveis ainda mais para a pobreza, dificultando os esforços para alcançar os objectivos de desenvolvimento sustentável e o crescimento inclusivo. Os impactos das alterações climáticas foram também associados à perda de meios de subsistência, de recursos e de acesso à água, tal como referido por 306 inquiridos (77%). Estes efeitos adversos podem levar à migração, perturbações sociais, pressão urbana e conflitos de recursos, exacerbando as vulnerabilidades e minando a resiliência da comunidade. Além disso, os impactos das alterações climáticas, incluindo a redução do rendimento das colheitas e as perdas de gado, foram associados à perda de postos de trabalho, à redução dos rendimentos das famílias e à diminuição do poder de compra, como indicado por 275 inquiridos (69%). Estas ramificações económicas têm implicações de grande alcance para as economias locais, o bem-estar dos agregados familiares e a coesão social, sublinhando a natureza interligada dos impactos das alterações climáticas nos meios de subsistência e no bem-estar. Isto implica que as alterações climáticas têm um impacto significativo nas condições socioeconómicas das comunidades agrícolas da Administração Local de Kwande, causando uma redução das colheitas, insegurança alimentar e perturbações sociais. Também leva à perda de empregos, redução do rendimento das famílias e diminuição do poder de compra.

**Quadro 6: Tem conhecimento de alguma estratégia de gestão dos riscos climáticos na sua região?**

| Variáveis | Frequência | Percentagem |
|---|---|---|
| Sim, estou ciente | 346 | 87 |
| Não, não tenho conhecimento | 54 | 13 |
| Total | 400 | 100 |

**Fonte: Inquérito de campo, 2024**

Os dados apresentados na Tabela 6 lançam luz sobre os níveis de conhecimento das estratégias de gestão do risco climático entre os inquiridos na área inquirida. A maioria dos inquiridos, 346 indivíduos (87%), indicou que está ciente das estratégias de gestão de riscos climáticos implementadas na sua área. Este elevado nível de sensibilização sugere que uma parte significativa da comunidade tem conhecimento das iniciativas e medidas destinadas a mitigar os impactos adversos das alterações climáticas. No entanto, uma minoria notável de inquiridos, num total de 54 indivíduos (13%), declarou não ter conhecimento de quaisquer estratégias de gestão dos riscos climáticos na sua área. Esta constatação revela uma lacuna na divulgação de informações ou nos esforços de sensibilização relacionados com as medidas de adaptação e atenuação das alterações climáticas. Isto significa que a maioria dos inquiridos está ciente das estratégias de gestão dos riscos climáticos nas suas áreas.

**Quadro 7: Em caso afirmativo, quais são as estratégias de gestão dos riscos climáticos na sua zona?**

| VARIÁVEL | SA | A | D | SD | Total |
|---|---|---|---|---|---|
| Aplicação de estrume | 287 (71.75%) | 54 (13.5%) | 25 (6.25 %) | 34 (8.5%) | 400 (100%) |
| Fertilização | 290 (72.5%) | 51 (12.75 %) | 39 (9.75 %) | 20 (5%) | 400 (100%) |
| Aplicação química | 291 (72.75%) | 50 (12.5%) | 34 (8.5%) | 25 (6.25% ) | 400 (100%) |
| Recorte múltiplo | 265 (66.25%) | 76 (19%) | 29 (7.25 %) | 30 (7.5%) | 400 (100%) |
| Cobertura vegetal | 295 (73.75%) | 46 (11.5%) | 30 (7.5%) | 29 (7.25% ) | 400 (100%) |
| Irrigação | 290 (72.5%) | 51 (12.75 %) | 39 (9.75 %) | 20 (5%) | 400 (100%) |
| Expansão do terreno variável | 300 (75%) | 34 (8.5%) | 33 (8.25 %) | 33 (8.25%) | 400 (100%) |
| Florestação | 306 (76.5%) | 36 (9%) | 30 (7.5%) | 31 (7.75%) | 400 (100%) |

**Fonte: Inquérito de campo, 2024**

O Quadro 7 apresenta dados sobre as estratégias de gestão dos riscos climáticos adoptadas na área inquirida, categorizadas em diversas variáveis. A maioria dos inquiridos (71,75%) indicou que concorda fortemente com a utilização da aplicação de estrume como estratégia de gestão dos riscos climáticos, enquanto 8,5% discordam fortemente desta abordagem. Isto indica um elevado nível de aceitação e utilização da aplicação de estrume entre a população inquirida. Uma tendência semelhante é observada para a fertilização, com 72,5% dos inquiridos a concordarem fortemente com a sua implementação, enquanto 5% discordaram fortemente com o uso da fertilização. Isto sugere que a fertilização é amplamente reconhecida e aceite como uma estratégia de gestão de riscos climáticos na área. A aplicação de produtos químicos também recebeu um forte apoio, com 72,75% dos inquiridos a concordarem fortemente com a sua utilização, enquanto 6,25% discordaram fortemente com esta abordagem. A cultura múltipla recebeu um apoio ligeiramente inferior em comparação com as estratégias anteriores, com 66,25% dos inquiridos a concordarem fortemente com a sua adoção, enquanto 7,5% discordaram fortemente da prática da cultura múltipla. No entanto, a cultura múltipla continua a ser uma estratégia de gestão do risco climático popular entre uma proporção significativa dos inquiridos.

A cobertura vegetal foi bem recebida, com 73,75% dos inquiridos a concordarem fortemente com a sua utilização, enquanto 7,25% discordaram fortemente da utilização da cobertura vegetal. O elevado nível de apoio à cobertura morta realça a sua importância na conservação do solo e na retenção da humidade. A maioria dos inquiridos (72,5%) concordou fortemente com a utilização da irrigação como estratégia de gestão do risco climático, enquanto 5% discordaram fortemente das práticas de irrigação. Este facto sublinha a importância da irrigação para garantir a produtividade agrícola e a resiliência em ambientes com stress hídrico. A variação da expansão das terras recebeu um forte apoio, com 75% dos inquiridos a concordarem fortemente com a sua implementação, enquanto 8,25% discordaram fortemente desta estratégia. A flexibilidade no planeamento da utilização das terras parece ser amplamente reconhecida como uma abordagem valiosa para a gestão dos riscos climáticos. A florestação surgiu como uma das estratégias mais apoiadas, com 76,5% dos inquiridos a concordarem fortemente com a sua adoção, enquanto 7,75% discordaram fortemente dos esforços de florestação. Os dados do inquérito indicam que as estratégias de gestão dos riscos climáticos incluem a aplicação de estrume, a fertilização, a aplicação de produtos químicos, as culturas múltiplas, a cobertura morta, a irrigação, a expansão das terras e a florestação. Estas estratégias são amplamente aceites para a conservação do solo, a retenção da humidade, a produtividade agrícola e a resiliência ambiental.

**Quadro 8: Qual é o grau de eficácia das estratégias de gestão dos riscos climáticos na sua região?**

| Variável | Frequência | Percentagem |
|---|---|---|
| Muito eficaz | 57 | 14 |
| Eficaz | 45 | 5 |
| Ineficaz | 243 | 61 |
| Indecisos | 55 | 14 |
| Total | 400 | 100 |

**Fonte: Inquérito de campo, 2024**

A Tabela 8 fornece informações sobre a perceção da eficácia das estratégias de gestão dos riscos climáticos implementadas na área inquirida. Os resultados revelam que apenas uma pequena percentagem dos inquiridos (14%) considerou as estratégias de gestão dos riscos climáticos como "Muito eficazes", com 57 indivíduos a expressarem esta opinião. Isto sugere que existe uma minoria que considera que as estratégias actuais são muito bem sucedidas na mitigação dos riscos climáticos. Uma proporção notavelmente inferior de inquiridos (5%) considerou as estratégias como "Eficazes", com 45 indivíduos a expressarem esta opinião. Isto indica um número limitado de inquiridos que acreditam que as estratégias implementadas são moderadamente bem sucedidas na abordagem dos desafios relacionados com o clima. A maioria dos inquiridos (61%) considerou as estratégias de gestão dos riscos climáticos como "Ineficazes", com 243 indivíduos a indicarem esta perceção. Isto sugere um sentimento generalizado entre a população inquirida de que as estratégias actuais não estão a conseguir mitigar adequadamente os riscos climáticos. Uma parte significativa dos inquiridos (14%) permaneceu "Indecisa" quanto à eficácia das estratégias, com 55 indivíduos a manifestarem incerteza. Isto indica um grau de ambiguidade ou falta de consenso entre os inquiridos relativamente à eficácia das medidas implementadas. Isto implica que as estratégias de gestão dos riscos climáticos têm sido largamente ineficazes no governo local de Kwande.

**Quadro 9: Quais são as estratégias de gestão dos riscos climáticos e as medidas de adaptação propostas para as alterações climáticas na agricultura no governo local de Kwande?**

| VARIÁVEL | SA | A | D | SD | Total |
|---|---|---|---|---|---|
| Adoção de práticas agrícolas inteligentes do ponto de vista climático para aumentar a resiliência e impulsionar produtividade. | 265 (66.25 %) | 76 (19%) | 29 (7.25 %) | 30 (7.5%) | 400 (100% ) |
| Implementação de práticas de gestão sustentável das terras para proporcionar benefícios a longo prazo para comunidades agrícolas. | 295 (73.75 %) | 46 (11.5% ) | 30 (7.5%) | 29 (7.25 %) | 400 (100% ) |
| Promover a utilização de variedades de culturas resistentes ao clima, capazes de resistir a condições climatéricas extremas, tolerar pragas e doenças e obter rendimentos mais elevados. | 290 (72.5% ) | 51 (12.75 %) | 39 (9.75 %) | 20 (5%) | 400 (100% ) |
| Reforçar os sistemas de previsão meteorológica, os sistemas de alerta precoce e os serviços de informação sobre o clima, a fim de fornecer informações exactas e informação atempada aos agricultores. | 306 (76.5% ) | 36 (9%) | 30 (7.5%) | 31 (7.75 %) | 400 (100% ) |

**Fonte: Inquérito de campo, 2024**

A Tabela 9 ilustra um consenso geral entre a população inquirida relativamente às estratégias de gestão de riscos climáticos e medidas de adaptação propostas para a agricultura no governo local de Kwande. Os resultados revelam que a maioria dos inquiridos (66,25%) expressou forte concordância (SA) com a adoção de práticas agrícolas inteligentes face ao clima para aumentar a resiliência e a produtividade enquanto 7,5% discordaram fortemente (SD). A promoção de variedades de culturas resistentes ao clima também obteve um apoio considerável, com 72,5% a concordar fortemente (SA) e 12,75% a concordar (A) com esta abordagem, enquanto 5% discordaram fortemente (SD). A maioria dos inquiridos (76,5%) concordou fortemente (SA) com a necessidade de reforçar os sistemas de previsão meteorológica, os sistemas de alerta precoce e os serviços de informação climática, enquanto 7,75% discordaram fortemente (SD), o que sugere algum ceticismo ou oposição. Isto implica que a maioria dos inquiridos no governo local de Kwande concorda fortemente com as estratégias de gestão dos riscos climáticos e com as medidas de adaptação para a agricultura. Apoiam a adoção de práticas inteligentes em termos climáticos, a gestão sustentável dos solos, a promoção de variedades de culturas resistentes ao clima e o reforço dos sistemas de previsão meteorológica e de alerta precoce. No entanto, uma pequena percentagem discorda, indicando ceticismo ou oposição.

## 4.2 Discussão dos resultados

Os resultados do estudo destacam vários aspectos significativos da sensibilização para as alterações climáticas e dos seus impactos na população inquirida. Em primeiro lugar, o estudo indica que uma maioria substancial dos inquiridos (66%) está consciente dos elementos ou das alterações climáticas. Este facto está em consonância com Leiserowitz et al. (2019), que concluíram que a sensibilização para as alterações climáticas tem vindo a aumentar de forma constante em todo o mundo, impulsionada por fatores como a cobertura mediática, os relatórios científicos e as observações pessoais. O elevado nível de sensibilização entre a população inquirida sugere uma compreensão crescente dos desafios ambientais colocados pelas alterações climáticas. Além disso, o estudo revela que a maioria (75%) dos inquiridos já sentiu os efeitos das alterações climáticas. Esta constatação corrobora o IPCC (Painel Intergovernamental sobre as Alterações Climáticas) (2018), que sublinha que as alterações climáticas já estão a causar perturbações nos padrões meteorológicos, conduzindo a fenómenos meteorológicos extremos mais frequentes e intensos, como tempestades, secas e ondas de calor. Estes fenómenos, por sua vez, têm consequências diretas nos meios de subsistência, na segurança alimentar e no bem-estar das comunidades.

Além disso, o estudo indica que uma proporção significativa (70,75%) dos inquiridos relatou ter experimentado vários riscos climáticos, incluindo variações na precipitação, infestação de pragas, inundações, secas, temperaturas extremas, queimadas, erosão e outros. Isto alinha Lobell et al. (2019) que capturaram que as alterações climáticas afectam a produtividade agrícola através da sua influência na temperatura, padrões de precipitação, e a incidência de pragas e doenças. Da mesma forma, a investigação de Xu et al. (2020) sublinha a complexa interação entre as alterações climáticas e as catástrofes naturais, tais como inundações e secas, enfatizando a necessidade de estratégias adaptativas para mitigar os seus efeitos adversos.

Os resultados apresentados na Tabela 5 revelam que 290 indivíduos (73%) identificaram os efeitos adversos das alterações climáticas na temperatura, nos padrões de precipitação e nos fenómenos meteorológicos extremos, que contribuem diretamente para a redução do rendimento das culturas e da produtividade do gado. Esta conclusão alinha-se com Rosenzweig et al. (2014) e Lobell et al. (2011), que indicaram que as alterações induzidas pelas alterações climáticas nos padrões de temperatura e precipitação podem afetar significativamente a produtividade agrícola. Além disso, os estudos de Porter et al. (2014) e Challinor et al. (2014) mostraram que as alterações da temperatura e da precipitação podem perturbar os calendários de plantação, afetar o crescimento e o desenvolvimento das culturas, aumentar a incidência de pragas e doenças e reduzir o rendimento agrícola global.

Além disso, os dados revelam que 300 inquiridos (75%) salientaram a forma como os riscos climáticos exacerbam as disparidades socioeconómicas, afectando particularmente os pequenos agricultores com recursos limitados e acesso a tecnologias adaptativas. Esta constatação é coerente com Deressa et al. (2009) e Thornton et al. (2009), que referem os impactes desproporcionados das alterações climáticas nas populações vulneráveis, incluindo os pequenos agricultores nos países em desenvolvimento. Estudos demonstraram que os pequenos agricultores carecem frequentemente dos recursos financeiros, dos conhecimentos técnicos e do apoio institucional necessários para se adaptarem eficazmente aos impactes das alterações climáticas (Morton, 2007; Seo, 2010). Além disso, 306 inquiridos (77%) referiram que os impactos das alterações climáticas estavam associados à perda de meios de subsistência, recursos e acesso à água. Esta conclusão é apoiada por Dell et al. (2014) e Lobell et al. (2008), que demonstraram que as alterações climáticas podem levar a mudanças na disponibilidade de água, na fertilidade do solo e nos serviços dos ecossistemas, afectando, em última análise, a produção agrícola e os meios de subsistência rurais. As alterações nos padrões de precipitação podem afetar a disponibilidade de água para irrigação e abeberamento do gado, conduzindo a conflitos sobre recursos hídricos escassos e agravando a pobreza rural (Adger et al., 2009; Brown et al., 2015).

Além disso, os dados indicam que 275 inquiridos (69%) associaram os impactos das alterações climáticas, tais como a redução do rendimento das culturas e a perda de gado, à perda de emprego, à redução dos rendimentos das famílias e à diminuição do poder de compra. Esta conclusão é coerente com Nelson et al. (2010) e Lobell et al. (2013), que destacam as consequências socioeconómicas das alterações climáticas para as comunidades agrícolas, incluindo a perda de rendimentos, a insegurança alimentar e o aumento da vulnerabilidade à pobreza. Estudos demonstraram que as perturbações da produção agrícola relacionadas com o clima podem ter efeitos em cascata nas economias locais, conduzindo ao desemprego, à migração e à volatilidade dos preços dos alimentos (Ivanic & Martin, 2008; Hertel et al., 2010).

Os dados da Tabela 7 mostram que a maioria dos inquiridos mencionou estratégias de gestão de riscos climáticos em Kwande, incluindo aplicação de estrume, fertilização, aplicação de produtos químicos, culturas múltiplas, cobertura morta, irrigação, expansão da terra e florestação. Esta constatação alinha-se com Lal (2015) que afirma que a cobertura morta e a irrigação são reconhecidas como técnicas eficazes para conservar a humidade do solo e mitigar os impactos da seca e de eventos climáticos extremos na produção agrícola. Da mesma forma, a florestação e as práticas de gestão sustentável das terras contribuem para o sequestro de carbono, a conservação do solo e o aumento da biodiversidade, aumentando assim a resiliência dos ecossistemas agrícolas às alterações climáticas (FAO, 2019). No entanto, apesar da implementação destas estratégias de gestão do risco climático, a Tabela 8 revela que a maioria dos inquiridos (61%) as considera "ineficazes", com 243 indivíduos a indicarem esta perceção. Esta constatação sublinha a importância não só de implementar medidas de adaptação, mas também de garantir a sua eficácia e impacto nas comunidades locais. A ineficácia destas estratégias pode ser atribuída a vários factores, incluindo recursos inadequados, má governação e envolvimento limitado das partes interessadas (Adger et al., 2013). Além disso, o desfasamento entre as necessidades locais e a conceção ou implementação de intervenções de adaptação pode também contribuir para a sua ineficácia (Tschakert & Dietrich, 2010). Os resultados do inquérito indicam um forte apoio à adoção de estratégias de gestão dos riscos climáticos para a agricultura no governo local de Kwande. De acordo com Hossain et al. (2020), as práticas agrícolas inteligentes do ponto de vista climático, incluindo a agricultura de conservação, a diversificação de culturas e as técnicas de poupança de água, têm sido amplamente reconhecidas como meios eficazes de adaptação aos impactos das alterações climáticas, aumentando simultaneamente a produtividade agrícola. Estas práticas estão em consonância com o apoio dos inquiridos às práticas inteligentes face ao clima no inquérito, o que indica um reconhecimento crescente dos seus benefícios face à alteração dos padrões climáticos. Do mesmo modo, as práticas de gestão sustentável das terras foram identificadas como cruciais para manter a saúde dos solos, conservar os recursos hídricos e preservar a biodiversidade nas paisagens agrícolas (Giller et al., 2015). O apoio dos inquiridos à implementação de práticas sustentáveis de gestão das terras reflecte uma compreensão mais ampla da importância das abordagens baseadas nos ecossistemas para a gestão dos riscos climáticos na agricultura. A promoção de variedades de culturas resistentes ao clima também surgiu como uma estratégia de adaptação fundamental nas comunidades agrícolas que enfrentam desafios relacionados com o clima. A investigação de Lobell et al. (2014) destaca o papel dos programas de melhoramento de culturas e genético no desenvolvimento de variedades capazes de resistir ao stress térmico, à seca, às pragas e às doenças. O apoio dos inquiridos a esta estratégia alinha-se com o crescente reconhecimento da necessidade de diversificar as variedades de culturas para aumentar a resiliência aos impactos das alterações climáticas. Além disso, o reforço dos sistemas de previsão meteorológica e de alerta precoce foi identificado como fundamental para permitir aos agricultores antecipar e responder eficazmente aos riscos relacionados com o clima (Ziervogel et al., 2014). O apoio dos inquiridos ao reforço destes sistemas sublinha a sua importância na gestão dos riscos climáticos para a agricultura.

# CAPÍTULO 5

# RESUMO, CONCLUSÃO E RECOMENDAÇÕES

## 5.1 Resumo

O principal objetivo deste estudo foi avaliar a avaliação e gestão do risco climático na agricultura no Governo Local de Kwande. Especificamente, os objectivos eram avaliar os riscos climáticos enfrentados pelos sistemas agrícolas no governo local de Kwande, explorar os impactos socioeconómicos, avaliar as estratégias de gestão de riscos existentes e propor medidas de adaptação inovadoras para as alterações climáticas na agricultura no governo local de Kwande. As teorias da vulnerabilidade e da resiliência foram aplicadas para explicar o efeito em geral. As conclusões da análise efectuada por iorlumun Tarlumun et al mostram que;

i. Os residentes do governo local de Kwande estão conscientes das alterações climáticas, experimentando os seus efeitos em primeira mão. Os riscos incluem variações de precipitação, infestações de pragas, inundações, secas, temperaturas extremas, queimadas e erosão.

ii. As alterações climáticas têm um impacto significativo nas condições socioeconómicas das comunidades agrícolas do Governo Local de Kwande, causando uma redução das colheitas, insegurança alimentar, perturbações sociais, perda de emprego, redução dos rendimentos das famílias e diminuição do poder de compra.

iii. Os residentes do Governo Local de Kwande estão conscientes das estratégias de gestão do risco climático na área de estudo, mas estes métodos, incluindo a aplicação de estrume, fertilização, aplicação de produtos químicos, culturas múltiplas, cobertura morta, irrigação, expansão da terra e florestação, são largamente ineficazes.

iv. Os inquiridos do governo local de Kwande apoiam fortemente as estratégias de gestão dos riscos climáticos e as medidas de adaptação para a agricultura, incluindo a adoção de práticas inteligentes em termos climáticos, a gestão sustentável das terras e o reforço dos sistemas de previsão meteorológica e de alerta precoce.

## 5.2 Conclusão

As conclusões do inquérito **realizado por Iorlumun, Terwase e Esther** lançam luz sobre a intersecção crítica entre as alterações climáticas, a agricultura e a resiliência da comunidade. É evidente que os residentes de Kwande não só estão conscientes das alterações climáticas, como também estão a sentir os seus efeitos adversos em primeira mão. Estes impactos estão a exacerbar as vulnerabilidades socioeconómicas das comunidades agrícolas, levando à redução da produção agrícola, à insegurança alimentar e à instabilidade económica. Além disso, embora os residentes estejam conscientes das estratégias de gestão dos riscos climáticos na sua área, a eficácia destes métodos parece ser limitada. No entanto, no meio destes desafios, existe um raio de esperança sob a forma de um forte apoio dos inquiridos às estratégias de gestão dos riscos climáticos e às medidas de adaptação. O apoio a práticas como a adoção de práticas agrícolas inteligentes do ponto de vista climático, a gestão sustentável das terras e o reforço dos sistemas de previsão meteorológica e de alerta precoce significam uma atitude proactiva no sentido de criar resiliência face às alterações climáticas. No futuro, é imperativo que os decisores políticos, os investigadores e as partes interessadas da comunidade colaborem estreitamente para desenvolver e implementar estratégias de adaptação climática específicas do contexto que abordem os desafios únicos enfrentados pelas comunidades agrícolas no governo local de Kwande. Aproveitando o conhecimento local, é possível construir um sector agrícola mais resiliente que possa suportar os desafios de um clima em mudança e garantir meios de subsistência para as gerações futuras.

## 5.3 Recomendações

Com base na análise efectuada, foram formuladas as seguintes recomendações;

i. Dada a sensibilização para as alterações climáticas e os seus impactos nas comunidades agrícolas, o governo deve dar prioridade a programas locais de educação e sensibilização sobre as alterações climáticas, centrando-se em várias manifestações como variações de precipitação, infestações de pragas, inundações, secas, queimadas e erosão.

ii. Para atenuar os impactos socioeconómicos das alterações climáticas nas comunidades agrícolas, são cruciais intervenções específicas como práticas resistentes ao clima, programas de diversificação dos meios de subsistência e um melhor acesso ao mercado.

iii. Em resposta à ineficácia das actuais estratégias de gestão dos riscos climáticos, as partes interessadas devem realizar uma avaliação exaustiva das suas estratégias de gestão dos riscos climáticos, identificar lacunas e fornecer apoio adaptado, assistência técnica e incentivos financeiros para melhorar as práticas sustentáveis.

iv. Com base no forte apoio expresso pelos inquiridos do governo local de Kwande às estratégias de gestão dos riscos climáticos e às medidas de adaptação, é crucial traduzir este entusiasmo em acções concretas. Os comités ou grupos de trabalho de adaptação climática liderados pela comunidade podem integrar as vozes e prioridades dos intervenientes locais nas iniciativas de resiliência climática, facilitando a colaboração, coordenação e tomada de decisões.

## REFERÊNCIAS

Adejuwon, S.A. (2015). Impacto da variabilidade climática e das alterações climáticas no rendimento das culturas na Nigéria. Documento de contribuição para o workshop das partes interessadas sobre Avaliação do Impacto e Adaptação às Alterações Climáticas (AIACC). 2-8.

Adishi, E. e Oluka, N.L. (2018), "Alterações climáticas, insegurança e conflito: questões e provável roteiro para alcançar os objectivos de desenvolvimento sustentável na Nigéria", International Journal of Social Sciences and Management Research, 4(8), 12-20.

Fórum Africano de Desenvolvimento. (2020). Agir sobre as alterações climáticas para o desenvolvimento sustentável em África. Gestão dos riscos climáticos: monitorização, avaliação, alerta rápido e resposta. Documento sobre questões 4. Sétimo Fórum Africano de Desenvolvimento. 10-15 de outubro de 2020, Adis Abeba.

AIACC (Avaliações de Impactos e Adaptação às Alterações Climáticas). (2016). Relatório final apresentado ao projeto AIACC (Avaliações de Impactos e Adaptação às Alterações Climáticas) n.º AS 06. Relatório apresentado pelo Instituto de Meteorologia e Hidrologia, Ulaanbaatar, Mongólia. Washington, DC, Secretariado Internacional do START.

Alderman, H., Hoddinott, J., Kinsey, B., (2016.) Long term consequences of early childhood malnutrition. Oxf. Econ. Pap. 58 (3), 450-474. http://dx.doi.org/10.1093/oep/gpl008.

Anyika, V.O. (2020), "Insurgência, extremismo violento e desenvolvimento na região do lago Chade, 1960-2015", Dissertação de Mestrado apresentada ao Departamento de História e Estudos Diplomáticos da Universidade de Educação Ignatius Ajuru, Port Harcourt.

Apata T.G., Samuel, K.D., & Adeola, A.O, (2019). Análise da perceção e adaptação às alterações climáticas entre os agricultores de culturas alimentares arvenses no sudoeste da Nigéria. Documento de contribuição preparado para apresentação na Conferência da Associação Internacional de Economistas Agrícolas de 2019, Pequim, China, 16-22 de agosto de 209

Audu, H.O; Balogun, R.B; Nwoga, R.C; Kalejaiye- Matti, R.B; Amadi, G. e Audu, E.B. (2020). Climate change: Causes, Implications and Mitigation Strategies (Causas, Implicações e Estratégias de Mitigação). Nos anais da Conferência Nacional sobre Impacto e Adaptação às Alterações Climáticas: Is Nigeria Ready? Publicado pela Sociedade Meteorológica Nigeriana. Pg 4, 7-8

Aworawo, D., Adekunle, W. A., & Babayo, A. H. (2017). Alterações climáticas

e o seu efeito na agricultura da Nigéria. Sustainable Agriculture Research, 6(2), 65-84).
Ayinde, O.O., Ogunlade, I. & Adewumi, M.O. (2020). Análise empírica da produção agrícola e das alterações climáticas: Um estudo de caso da Nigéria. Jornal do desenvolvimento sustentável em África, 12(6): 277-283.
Ayo, J.A., Omosebi, M.O. e Sulieman, A. (2014), " Effect of climate change on food security in Nigeria" , Journal of Environmental Science, Computer Science and Engineering and Technology, 3(4), 1763-1778.
Barrett, C.B., & Carter, M.R., (2021). Can't get ahead for falling behind: development policy, poverty, and relief traps. Choices 35-38. inverno 2021-2022. http://farmdoc.illinois. edu/policy/choices/20224/2022-4-06.pdf.
Bates, B.C., Kundzewicz, Z.W., Wu, S. & Palutikof, J.P. eds. (2018). Alterações climáticas e água. Documento técnico do Painel Intergovernamental sobre Alterações Climáticas, Secretariado do PIAC, Genebra.
Battisti, D.S. & Naylor, R.L. (2019). Avisos históricos de segurança alimentar futura com calor sazonal sem precedentes. Science, 323: 240-244.
Baulch, B., & Hoddinott, J., (2020). Mobilidade económica e dinâmica da pobreza nos países em desenvolvimento. J. Dev. Stud. 36 (6), 1-24. http://dx.doi.org/10.1080/00220380008422652
Bello, N.J. (2020). Alterações climáticas: Implicações para a produção e segurança alimentar na Nigéria. Em Climate Change Impacts and Adaptation: Developmental Issues. Um livro especial sobre alterações climáticas. Publicado pela Sociedade Meteorológica Nigeriana. Pg 3 & 5.
Berhanu, M. e Wolde, A.O. (2019), "Review on climate change impacts and its adaptation strategies on food security in Sub-Saharan Africa" , Agricultural Social Economic Journal, 19(3), 145-154.
Besley, T., (2015). Property rights and investment incentives: theory and evidence from Ghana.
J. Polit. Econ. 103 (5), 903-937. http://dx.doi.org/10.1086/262018
Calhoun, C. (2021). Dicionário de Ciências Sociais. New York: Oxford University Press. Carter, M.R., & Barrett, C.B., (2016). The economics of poverty traps and persistent poverty (A economia das armadilhas da pobreza e da pobreza persistente):
uma abordagem baseada em activos. J. Dev. Stud. 42 (2), 178-199. http://dx.doi.org/10.1080/ 00220380500405261.
Carter, M.R., Little, P.D., Mogues, T., & Negatu, W., (2017). Armadilhas da pobreza e desastres naturais na Etiópia e nas Honduras. World Dev. 35 (5), 835-856. http://dx.doi.org/10. 1016/j.worlddev.2016.09.010.

Cutter, S. L., Emrich, C. T., Webb, J. J., & Morath, D. (2015). Vulnerabilidade social aos riscos de variabilidade climática: A review of the literature. Relatório final para a Oxfam America.
Dercon, S., (2015). Growth and shocks: evidence from rural Ethiopia (Crescimento e choques: evidências da Etiópia rural). J. Dev. Econ. 74 (2), 309-329. http://dx.doi.org/10.1016/j.jdeveco.2015.01.001
Dercon, S., & Hoddinott, J., (2015). Saúde, choques e persistência da pobreza. In: Dercon, S. (Ed.), Insurance Against Poverty [Seguro contra a pobreza]. Oxford University Press, Oxford, Reino Unido.
Dercon, S., Hoddinott, J., & Woldehanna, T., (2015). Choques e consumo em 15 aldeias da Etiópia, 1999-2015. J. Afr. Econ. 14 (4), 559.
Deressa, T., R. Hassen, T. Alemu, M. Yesuf, & C. Ringler. (2018). Analisando os determinantes da escolha de medidas de adaptação dos agricultores e as percepções das mudanças climáticas na Bacia do Nilo da Etiópia. Documento de discussão do Instituto Internacional de Pesquisa em Política Alimentar (IFPRI) No. 00798. Washington, DC: IFPRI.
Dessai, S., Adger, W. N., Hulme, M., Köhler, J., Turnpenny, J., & Warren, R. (2015). Definindo e experimentando mudanças climáticas perigosas. Climatic Change, 64(1-2), 11-25.
Dinar, A, Hassan, R, Kurukulasuriya, P, Benhin, J & Mendelsohn, R, (2016.) O nexo político entre a agricultura e as alterações climáticas em África. Uma síntese da investigação no âmbito do projeto GEF/WB: Clima regional, água e agricultura: Impactos e adaptação dos sistemas agro-ecológicos em África. Documento de discussão CEEPA nº 39. Centro de Economia e Política Ambiental em África, Universidade de Pretória
Ekundayo, E.B. (2020). Aplicação de Sensoriamento Remoto em Estudos de Mudanças Climáticas. Em Impactos e Adaptação: Developmental Issues. Um livro especial sobre o clima. Publicado pela Sociedade Meteorológica Nigeriana. Pg17.
Eisenack, K., Moser, S. C., Hoffmann, E., Klein, R. J., Oberlack, C., Pechan, A., & Rotter, M. (2014). Explicando e superando barreiras à adaptação às mudanças climáticas. Nature Climate Change, 4(10), 867-872.
Enete, C.I. (2000), " Climate and climate change" , in Obasikene J.I., et al. (Eds), Man and the Environment, Computer Edge Publishers, Enugu.
Ethan, S. (2015), "Impacto das alterações climáticas na agricultura e na segurança alimentar na Nigéria: desafios e adaptação", Global Advanced Research Journal of Medicinal Plant (GARJMP), 3(1),1-9.
FAO. (2018). O estado da insegurança alimentar no mundo 2018. Preços

elevados dos alimentos e ameaças e oportunidades à segurança alimentar. Roma.
Fasona, M.J. e Omojola, A.S. (2015), "Climate change, human security and communal clashes in Nigeria", comunicação apresentada num Workshop Internacional, Human Security and Climate Change, realizado no Holmen Fjord Hotel, Asker, perto de Oslo, de 21 a 23 de junho de 2015
Fischer G., Shah M. & van Velthuizen H. (2022) "Climate Change and Agricultural Vulnerability". Instituto Internacional de Análise de Sistemas Aplicados. Relatório elaborado ao abrigo do Acordo de Contrato Institucional 1113 da ONU para a Cimeira Mundial sobre Desenvolvimento Sustentável. Laxenburg, Áustria.
George, J., Adelaja, A. e Weatherspoon, D. (2020), " Armed conflicts and food insecurity: evidence from Boko Haram's attacks" , American Journal of Agricultural Economics, Vol. 102 No. 1, pp.114-131
Hallegatte, S., Green, C., Nicholls, R. J., & Corfee-Morlot, J. (2013). Perdas futuras por inundações nas principais cidades costeiras. Nature Climate Change, 3(9), 802-806.
Hall-Spencer, J.M., Rodolfo-Metalpa, R. & Martin, S. (2018). As aberturas vulcânicas de dióxido de carbono mostram os efeitos da acidificação do oceano no ecossistema. Nature, 454: 96-99.
Henri-Ukoha, A. (2020). Avaliação da viabilidade das estratégias de adaptação climática dos agricultores à base de mandioca no sul da Nigéria. Jornal de Agricultura e Ciências Alimentares, 18(1), 105-117 107. Obtido em: www ajol.info/index.php/jafs
Hoddinott, J., (2016). Shocks and their consequences across and within households in rural Zimbabwe. J. Dev. Stud. 42 (2), 301-321. http://dx.doi.org/10.1080/00220380500405501.
Howden, S.M., Soussana, J.F., Tubiello, F.N., Chhetri, N., Dunlop, M. & Meinke, M. (2017). Adaptação da agricultura às alterações climáticas. Proc. Natl. Acad. Sci. USA, 104(50): 19691- 19696.
Adger, W. N., Arnell, N. W., & Tompkins, E. L. (2013). Adaptação bem-sucedida às mudanças climáticas em todas as escalas. Global Environmental Change, 15(2), 77-86.
Organização das Nações Unidas para a Alimentação e a Agricultura (FAO). (2019). Manual de fontes sobre agricultura inteligente face ao clima (2.ª ed.). Roma: FAO.
Lal, R. (2015). Alterações climáticas e gestão do solo. Boca Raton, FL: CRC Press.
Tschakert, P., & Dietrich, K. A. (2010). Aprendizagem antecipatória para

adaptação e resiliência às alterações climáticas. Ecologia e Sociedade, 15(2), 11.
Wang, Y., Li, Y., & Zhang, X. (2020). Sensibilização da comunidade e adaptação às alterações climáticas: Evidence from China. Journal of Environmental Management, 269, 110784.
Giller, K. E., Andersson, J. A., Corbeels, M., Kirkegaard, J., Mortensen, D., & Erenstein, O. (2015). Para além da agricultura de conservação. Frontiers in Plant Science, 6, 870.
Hossain, M. A., Kumar, L., & Rathore, A. (2020). Adoção de práticas agrícolas inteligentes para o clima: Role of agricultural cooperatives in Bangladesh (Papel das cooperativas agrícolas no Bangladesh). Climatic Change, 162(3), 1393-1413.
Lobell, D. B., Schlenker, W., & Costa-Roberts, J. (2014). Tendências climáticas e produção agrícola global desde 1980. Science, 333(6042), 616-620.
Ziervogel, G., Bharwani, S., Downing, T. E., Adapting to climate variability and change in South Africa: Investigating institutional perspectives, in: W. N. Adger, I. Lorenzoni,
K. O'Brien (Eds.), Adapting to Climate Change: Thresholds, Values, Governance, Cambridge University Press, Cambridge, UK, 2014, pp. 226-240.
Hsiang, S., Kopp, R., Jina, A., Rising, J., Delgado, M., Mohan, S., ... & Muir-Wood, R. (2017). Estimativa dos prejuízos económicos decorrentes das alterações climáticas nos Estados Unidos. Science, 356(6345), 1362-1369.
Kebede, Y., (2022). Comportamento de risco e novas tecnologias: o caso dos produtores nas terras altas centrais da Etiópia. Q. J. Int. Agric. 31, 292–320. http://www.taa.org.uk/assets/pubs/Paper4%20IJAS477_2019%5B1%5D.pdf.
Kahn, M. E. (2015). O número de mortos por desastres naturais: The role of income, geography, and institutions. Revista de Economia e Estatística, 87(2), 271-284.
Karl, T.R., Meehl, G.A., Miller, C.D., Hassol, S.J., Walpe, A.M. & Murray, W.L. (2018). Extremos meteorológicos e climáticos num clima em mudança. Produto de síntese e avaliação 3.3. Relatório do Programa Científico das Alterações Climáticas dos EUA (CCSP) e do Subcomité de Investigação sobre Alterações Globais, Departamento do Comércio, Centro Nacional de Dados Climáticos da NOAA, Washington, DC.
Knutson, T.R., McBride, J.L., Chan, J., Emanuel, K. et al. (2020). Ciclones tropicais e mudanças climáticas. Nat. Geosci., 3: 157-163.
Lobell, D.B, Burke, M.B, Tebaldi,C, Mastrandrea, M.D. Falcon, W.P. & Naylor, R.L. (2018). Priorização das necessidades de adaptação às mudanças climáticas para a segurança alimentar em 2030. Science, 319: 607-610.

McPeak, J.G., & Barrett, C.B., (2021). Exposição diferencial ao risco e armadilhas de pobreza estocástica entre os pastores da África Oriental. Am. J. Agric. Econ. 83 (3), 674-679. http://dx.doi. org/10.1111/0002-9092.00189
Miranda, M.J., Glauber, J.W., (2017). Risco sistémico, resseguro e o fracasso dos mercados de seguros de colheitas. Am. J. Agric. Econ. 79 (1), 206-215. http://dx.doi.org/10.2307/1243954.
Muchow, R.C. & Bellamy, J.A. (2019). Risco climático na produção agrícola: modelos e gestão para os trópicos semi-áridos e subtrópicos. Wallingford, Reino Unido, CAB International
Muringai, R.T., Naidoo, D., Mafongoya, P. e Lottering, S. (2020), " The impacts of climate change on the livelihood and food security of Small-Scale fishers in Lake Kariba, Zimbabwe" , Journal of Asian and African Studies, 55(2), 298-313.
Rosenzweig, C., Iglesias, A., Yang, X.B., Epstein, P.R. & Chivian, E. (2015). Mudanças climáticas e eventos climáticos extremos. Implicações para a produção de alimentos, doenças de plantas e pragas. Glob. Change Hum. Health, 2: 90-104.
Rosenzweig, M.R., & Binswanger, H.P., (2023). Riqueza, risco climático e a composição e rentabilidade dos investimentos agrícolas. Econ. J. 103 (416), 56-78. http://dx.doi.org/10.2307/2234337.
Idumah, F.O., Mangodo, C. & Owombo, P.T. (2016). Alterações climáticas e produção alimentar na Nigéria: Implicação para a segurança alimentar na Nigéria. Jornal de Ciências Agrícolas 8(2):74 - 83
Ikem, C. R. (2018). Impactos das alterações climáticas nas comunidades rurais e adaptação: Um caso da área do governo local de Jema' a no estado de Kaduna, Nigéria. Revista Internacional de Geografia, Ambiente e Ciências da Terra, 16(2), 1-16.
International Crisis Group (2017), " Curbing violence in Nigeria: the Boko Haram insurgency, Africa Report No 216" , ICC, Bruxelas.
IPCC (2017). Alterações climáticas (2017). Impactos, Adaptação e Vulnerabilidade. Contribuição do Grupo de Trabalho II para o Quarto Relatório de Avaliação do Painel Intergovernamental sobre as Alterações Climáticas. Cambridge University Press, Reino Unido, 976pp.
IPCC (Painel Intergovernamental sobre as Alterações Climáticas). (2017). Mitigation (Mitigação). Em B. Metz, O.R. Davidson, P.R. Bosch, R. Dave & L.A. Meyer, eds. Climate change 2017: contribution of Working Group III to the 4th Assessment Report of the Intergovernmental Panel on Climate Change [Alterações climáticas 2017: contribuição do Grupo de Trabalho III para o 4.º

Relatório de Avaliação do Painel Intergovernamental sobre Alterações Climáticas]. Cambridge, Cambridge University Press (disponível em www.ipcc.ch/publications_and_data/ar4/wg3/en/contents.html).

IPCC. (2012). Resumo para os decisores políticos. Em C.B. Field, V. Barros, T.F. Stocker, D. Qin, D.J. Dokken, K.L. Ebi, M.D. Mastrandrea, K.J. Mach, G.-K. Plattner, S.K. Allen, M. Tignor & P.M. Midgley, eds. Managing the risks of extreme events and disasters to advance climate change adaptation, pp. 1-19. A Special Report of Working Groups I and II of the Intergovernmental Panel on Climate Change. Cambridge, Reino Unido, e Nova Iorque, EUA, Cambridge University Press.

Kralovec, S. (2020), " Food insecurity in Nigeria: an analysis of the impact of climate change, economic development, and conflict on food security" , Dissertação de Mestrado apresentada ao Departamento de Estudos Políticos Globais, Universidade de Malmo

Nwafor, J. C. (2017). Alterações climáticas globais: O motor de múltiplas causas da intensidade das cheias na África Subsariana. Documento apresentado na Conferência Internacional sobre Alterações Climáticas e Sustentabilidade Económica realizada na Universidade Nnamdi Azikiwe, Enugu, Nigéria, pp 67-72.

O'Brien, K., Eriksen, S., Nygaard, L. P., & Schjolden, A. (2017). Por que diferentes interpretações de vulnerabilidade são importantes nos discursos sobre mudanças climáticas. Política Climática, 7(1), 73-88.

Ogbuchi, T.C. (2020), "Indicadores quantitativos da produção de culturas alimentares", Journal of Tropical Agriculture, 32(1), 79-88.

Ohaja, E. U. (2017). Pesquisa em comunicação de massa e redação de relatórios de projetos. Lagos: John Letterman ltd.

Ojo, O. e Adebayo, P.F. (2012), " Food security in Nigeria: an overview" , European Journal of Sustainable Development, Vol. 1 No. 2, pp. 199-222.

Okoye, S.L. (2016), Effects of Climate Change, The Heinrich Boll Foundation Abuja, Nigéria Oladipo, E. (2021). O desafio das alterações climáticas para a Nigéria: An overview. In E.O. Iguisi,

O.F. Ati, R.O. Yusuf e A.E. Ubogu (Eds), Climate Change Impacts: Risks and Opportunities, 22-44. Actas da Conferência Internacional da Sociedade Meteorológica Nigeriana realizada na Universidade Ahmadu Bello, Zaria, de 13 a 17 de novembro de 2021.

Onuoha, F.C. e Ezirim, G.E. (2020), "Climate change and national security: exploring the concetual and empirical connections in Nigeria" , Journal of Sustainable Development in Africa, 12(4)255-269.

Osuala, E. C. (2017). Introdução à metodologia de investigação (3.ª ed.). Onitsha: African - First Publishers Ltd.
Otekunrin, O.A., Otekunrin, O.A., Momoh, S. e Ayinde, I.A. (2019), "How far has Africa gone in achieving the zero hunger target? Evidence from Nigeria", Global Food Security, Vol. 22, pp. 1-12.
Oyinbo, O., Rekwot, G.Z. & Duniya, P.K. (2014). Padrão de precipitação e produção agrícola na Nigéria: Implicação para a segurança alimentar. In: Alterações climáticas, agricultura e segurança alimentar na Nigéria. T.T. Amos, P.B. Imoudu e O.J. Oseni (eds). Procedimentos da 14ª conferência anual da Associação Nigeriana de Economistas Agrícolas, Universidade Federal de Tecnologia, Akure, Nigéria, 24 a 27 de fevereiro, pp 82-87.
Oyinloye, O.D., Akinola, O.O., Akande, Y.O., Akinyele, A.A. e Mosimabale, M.M. (2018), " Food insecurity in Africa" , Journal of Humanities and Social Science, Vol. 23 No. 9, pp. 68-75.
Patz, J. A., Campbell-Lendrum, D., Holloway, T., & Foley, J. A. (2015). Impacto das alterações climáticas regionais na saúde humana. Nature, 438(7066), 310-317.
Poulton, C., Kydd, J., Dorward, A., (2016). Superar os constrangimentos do mercado no crescimento agrícola a favor dos pobres na África Subsariana. Dev. Policy Rev. 24 (3), 243-277. http://dx.doi.org/10.1111/j.1467-7679.2016.00324.x.
Rowlinson, P. (2018). Adaptação dos sistemas de produção animal às alterações climáticas - zonas temperadas. Actas da Conferência sobre Pecuária e Alterações Globais. maio de 2018, Tunísia.
Sarkar, M.S.K., Begum, R.A. & Pereira, J.J. (2020). Impactos das alterações climáticas na produção de óleo de palma na Malásia. Environ Sci Pollut Res., 27(9), 9760-9770.
Selvaraju, R, Gommes, R. & Bernardi, M. (2021). Ciência do clima em apoio à agricultura sustentável e à segurança alimentar. Clim Res., 47: 95-110
Siwabhawo, P. Witswana, A. & Somskaw, B. (2020). Impacto das alterações climáticas no uso da terra, rendimento e produção de mandioca na Tailândia. Jornal da Agricultura, 10(9)
Sivakumar, M.V.K. (2018). Previsão do potencial da estação chuvosa a partir do início das chuvas nas zonas climáticas do sul do Sahel e do Sudão da África Ocidental. Agricultura e Meteorologia Florestal, (42): 295-305.
Smit, B., & Wandel, J. (2016). Adaptação, capacidade de adaptação e vulnerabilidade. Global Environmental Change, 16(3), 282-292.
Smith, J. B., Schneider, S. H., Oppenheimer, M., Yohe, G. W., Hare, W.,

Mastrandrea, M. D. & Moss, R. H. (2019). Avaliação das alterações climáticas perigosas através de uma atualização das "razões de preocupação" do Painel Intergovernamental sobre as Alterações Climáticas (IPCC). Actas da Academia Nacional das Ciências, 106(11), 4133-4137.
Tirado, M.C., Clarke, R., Jaykusc, L.A., McQuatters-Gollopd, A. e Frank, J.M. (2020), "Climate change and food safety: a review" , Food Research International, Vol. 43 No. 7, pp. 1745-1765.
Ufot, E.O. (2019), "Food security, poverty and investment dimensions", Perspectives on Food Security, Vol. 46 No. 2, pp. 32-38.
Ughaelu, C.M. (2017), "Contemporary environmental issues respect to food production in Nigeria", Journal of Environmental Management, Vol. 41 No. 2, pp. 108-117.
Uwazie, U.I. (2020), " Consumption of different forms of fish in Abakaliki metropolis of Ebonyi State, Nigeria" , African Journal of Food, Agriculture, Nutrition and Development, Vol. 20 No. 2.
Victora, C.G., Adair, L., Fall, C., Hallal, P.C., Martorell, R., Richter, L., Sachdev, H.S., Grupo de Estudo da Subnutrição Materna e Infantil, (2018). Subnutrição materna e infantil: consequências para a saúde do adulto e para o capital humano . Lancet 371 (9609), 340-357. http://dx.doi.org/10.1016/S0140-6736(07)61692-4
Wood, G., (2017). Manter-se seguro, manter-se pobre: a "Barganha Faustiana". World Dev. 31 (3), 455-471. http://dx.doi.org/10.1016/S0305-750X(02)00213-9.
Banco Mundial (2016), "North East Nigeria recovery and peacebuilding assesment: componenbt report", Banco Mundial, Abuja.
Wossen, T., Berger, T., Haile, M.G. e Troost, C. (2018), " Impacts of climate variability and food price volatility on household income and food security of farm households in east and west Africa" , Agricultural Systems, Vol. 163, pp. 7-15.
Yamane, Taro. (1973). "Estatística: An introductory analysis". Londres: John Weather Hill, Inc. https://bit.ly/3gcMsyL
Ziervogel G., A. Nyong, B. Osman, C. Conde, S. Cortes, e T. Dowing (2016): Variabilidade e mudança climática: implicações para a segurança alimentar das famílias. Avaliações de Impactos e Adaptações às Alterações Climáticas (AIACC) Documento de Trabalho n.º 20, janeiro de 2016. Gabinete do Projeto AIACC, Secretariado Internacional do START, Washington DC, EUA
Painel Intergovernamental sobre as Alterações Climáticas (IPCC). (2018). Resumo para os decisores políticos. Em
V. Masson-Delmotte et al. (Eds.), Global warming of 1.5°C. Relatório especial

do PIAC sobre os impactos de um aquecimento global de 1,5°C acima dos níveis pré-industriais e as respectivas vias de emissão de gases com efeito de estufa, no contexto do reforço da resposta global à ameaça das alterações climáticas, do desenvolvimento sustentável e dos esforços para erradicar a pobreza. IPCC.

Leiserowitz, A., Maibach, E., Rosenthal, S., Kotcher, J., Bergquist, P., Ballew, M., Goldberg, M., & Gustafson, A. (2019). Mudanças climáticas na mente americana: abril de 2019. Universidade de Yale e Universidade George Mason. Recuperado de https://climatecommunication.yale.edu/publications/climate-change-in-the-american- mind-april-2019/

Lobell, D. B., Bänziger, M., Magorokosho, C., & Vivek, B. (2019). Efeitos não lineares do calor no milho africano, evidenciados por ensaios históricos de rendimento. Nature Climate Change, 9(12), 1043-1047. https://doi.org/10.1038/s41558-019-0604-6

Xu, C., Kohler, T. A., Lenton, T. M., Svenning, J.-C., & Scheffer, M. (2020). O futuro do nicho climático humano. Proceedings of the National Academy of Sciences, 117(21), 11350-11355. https://doi.org/10.1073/pnas.1910114117/

Adger, W. N., Arnell, N. W., & Tompkins, E. L. (2009). Successful adaptation to climate change across scales (Adaptação bem sucedida às alterações climáticas a várias escalas). Global Environmental Change, 15(2), 77-86.

Brown, M. E., Antle, J. M., Backlund, P., Carr, E. R., Easterling, W. E., Walsh, M., ... & Jones,
J. W. (2015). Climate change, global food security, and the US food system (Alterações climáticas, segurança alimentar global e sistema alimentar dos EUA). Washington, DC: Departamento de Agricultura dos EUA.

Challinor, A. J., Watson, J., Lobell, D. B., Howden, S. M., Smith, D. R., & Chhetri, N. (2014). Uma meta-análise do rendimento das culturas sob as alterações climáticas e adaptação. Nature Climate Change, 4(4), 287-291.

Dell, M., Jones, B. F., & Olken, B. A. (2014). O que é que aprendemos com o clima? A nova literatura sobre economia climática. Journal of Economic Literature, 52(3), 740-798.

Deressa, T. T., Hassan, R. M., Ringler, C., Alemu, T., & Yesuf, M. (2009). Determinants of farmers' choice of adaptation methods to climate change in the Nile Basin of Ethiopia (Determinantes da escolha de métodos de adaptação dos agricultores às alterações climáticas na bacia do Nilo da Etiópia). Global Environmental Change, 19(2), 248-255.

Hertel, T. W., Burke, M. B., & Lobell, D. B. (2010). The poverty implications of climate-indduced crop yield changes by 2030 (As implicações para a pobreza

das alterações de rendimento das culturas induzidas pelo clima até 2030). Global Environmental Change, 20(4), 577-585.
Ivanic, M., & Martin, W. (2008). Implications of higher global food prices for poverty in low-income countries. Agricultural Economics, 39(s1), 405-416.
Lobell, D. B., Burke, M. B., Tebaldi, C., Mastrandrea, M. D., Falcon, W. P., & Naylor, R. L. (2008). Priorização das necessidades de adaptação às alterações climáticas para a segurança alimentar em 2030. Science, 319(5863), 607-610.
Lobell, D. B., Schlenker, W., & Costa-Roberts, J. (2011). Tendências climáticas e produção agrícola global desde 1980. Science, 333(6042), 616-620.
Lobell, D. B., & Gourdji, S. M. (2013). A influência das alterações climáticas na produtividade global das culturas. Plant Physiology, 160(4), 1686-1697.
Morton, J. F. (2007). The impact of climate change on smallholder and subsistence agriculture (O impacto das alterações climáticas na agricultura de pequena escala e de subsistência).
Actas da Academia Nacional das Ciências, 104(50), 19680-19685.
Nelson, G. C., Rosegrant, M. W., Koo, J., Robertson, R., Sulser, T., Zhu, T., ... & Msangi, S. (2010). Climate change: Impacto na agricultura e custos de adaptação. Instituto Internacional de Investigação sobre Políticas Alimentares.
Porter, J. R., Xie, L., Challinor, A. J., Cochrane, K., Howden, S. M., Iqbal, M. M., ... & Lobell,
D. B. (2014). Segurança alimentar e sistemas de produção alimentar. Em Climate Change 2014: Impacts, Adaptation, and Vulnerability. Parte A: Aspectos globais e sectoriais. Contribuição do Grupo de Trabalho II para o Quinto Relatório de Avaliação do Painel Intergovernamental sobre Alterações Climáticas (pp. 485-533). Cambridge University Press.
Rosenzweig, C., Elliott, J., Deryng, D., Ruane, A. C., Müller, C., Arneth, A., ... & Jones, J. W. (2014). Avaliação dos riscos agrícolas das alterações climáticas no século XXI numa intercomparação global de modelos de culturas em grelha. Actas da Academia Nacional das Ciências, 111(9), 3268-3273.
Seo, S. N. (2010). An overview of existing integrated assessment models on climate change. Economics Research International, 2010.

# APÊNDICE

# INSTRUMENTO DE RECOLHA DE DADOS

## SECÇÃO A

**Instruções:** Assinale as casas apropriadas ou responda como requerido abaixo

1. Sexo: Masculino ( ) Feminino ( )
2. Idade: 20-25 anos ( ) 26-31 anos ( ) 32-37 anos ( ) 38 anos ou mais ( )
3. Estado Civil: Solteiro ( ) Casado ( ) Divorciado ( ) Viúvo ( )
4. Religião: Cristianismo ( ) Islão ( )
5. Qualificação educacional: F.S.L.C ( ) ND ( HND ( ) Diploma ( ) Grau ( )
6. Grupo étnico: Tiv ( ) Idoma ( ) Igede ( ) Hausa ( ) Outros ( )
7. Profissão: Estudante (b) Comércio (c) Função Pública (d) Artesanato

## SECÇÃO B

**Primeira pergunta de investigação: Quais são os actuais riscos climáticos enfrentados pelos sistemas agrícolas no governo local de Kwande?**

8. Tem conhecimento dos elementos ou das alterações climáticas? (a) Sim, tenho (b) Não, não tenho
9. Já alguma vez foi afetado pelas alterações climáticas? (a) Sim, afetado (b) Não, não fui afetado
10. Quais são os riscos climáticos actuais que tem enfrentado? (a) Variação da pluviosidade ( ) b) Infestação de pragas ( ) c) Ocorrência de cheias ( ) d) Seca ( ) e) Temperaturas extremas f) Queimadas (g) Erosão h) Todas as anteriores

**Segunda questão de investigação: Quais são os impactos socioeconómicos das alterações climáticas nas comunidades agrícolas do governo local de Kwande?**

11. As alterações climáticas têm impacto na temperatura, nos padrões de precipitação e nos fenómenos meteorológicos extremos, reduzindo o rendimento das colheitas e a produtividade do gado, o que conduz a rendimentos agrícolas mais baixos e à insegurança alimentar. (a) Concordo plenamente ( ) b) Concordo ( ) c) Discordo ( ) d) Discordo plenamente ( )
12. As alterações climáticas agravam as disparidades socioeconómicas, em especial para os pequenos agricultores com recursos limitados e acesso a

tecnologias de adaptação, empurrando-os potencialmente para a pobreza. (a) Concordo plenamente ( ) b) Concordo ( ) c) Discordo ( ) d) Discordo plenamente ( )

13. Os impactos das alterações climáticas conduzem à perda de meios de subsistência, de recursos e de acesso à água , causando migrações, perturbações sociais, pressão urbana e conflitos de recursos. (a) Concordo plenamente () (b) Concordo ( ) (c) Discordo ( ) (d) Discordo plenamente ( )

14. Os impactos das alterações climáticas, incluindo a redução do rendimento das culturas e a perda de gado, conduzem à perda de emprego, à redução dos rendimentos das famílias e à diminuição do poder de compra. (a) Concordo plenamente ( ) (b) Concordo ( ) (c) Discordo ( ) (d) Discordo plenamente ( )

**Questão de investigação três: Quais são as estratégias e intervenções de gestão de riscos climáticos existentes na agricultura no governo local de Kwande?**

15. Tem conhecimento de alguma estratégia de gestão dos riscos climáticos na sua região? (a) Sim, tenho conhecimento

(b) Não, não tenho conhecimento

16. Se sim, quais são as estratégias de gestão de riscos climáticos na sua área? Aplicação de estrume () Fertilização ( ) Aplicação de produtos químicos ( ) Culturas múltiplas ( ) Mulching ( ) Irrigação ( ) Expansão da terra variada ( ) Florestação ( )

17. Qual a eficácia das estratégias de gestão de riscos climáticos na sua região? Muito eficazes ( ) Eficazes ( ) Ineficazes ( ) Indecisos ( )

**Quarta questão de investigação: Quais são as estratégias inovadoras de gestão do risco climático e as medidas de adaptação propostas para as alterações climáticas na agricultura no governo local de Kwande?**

| VARIÁVEL | SA | A | D | SD |
|---|---|---|---|---|
| Adoção de práticas agrícolas inteligentes do ponto de vista climático para reforçar a resiliência e aumentar a produtividade. | | | | |
| Implementação de práticas sustentáveis de gestão das terras para proporcionar benefícios a longo prazo às comunidades agrícolas. | | | | |
| Promover a utilização de variedades de culturas resistentes ao clima, capazes de resistir a condições climatéricas extremas, tolerar pragas e doenças e obter rendimentos mais elevados. | | | | |
| Reforço dos sistemas de previsão meteorológica, dos sistemas de alerta precoce e dos serviços de informação sobre o clima, a fim de fornecer informações exactas e atempadas aos agricultores. | | | | |

# ÍNDICE DE CONTEÚDOS

MIX
Papier aus verantwortungsvollen Quellen
Paper from responsible sources
FSC® C105338

FSC
www.fsc.org

Printed by Books on Demand GmbH, Norderstedt / Germany